普通高等教育农业部“十三五”规划教材
普通高等教育农业部“十二五”规划教材
全国高等农林院校“十二五”规划教材

中兽医学实验指导

ZHONGSHOUYIXUE SHIYAN ZHIDAO

第三版

钟秀会 主编

中国农业出版社

第三版修订者

主　编　钟秀会（河北农业大学）

副主编　史万玉（河北农业大学）

参　编　（按姓名笔画排序）

付本懂（吉林大学）

刘钟杰（中国农业大学）

刘翠艳（安徽农业大学）

许剑琴（中国农业大学）

杨　英（内蒙古农业大学）

宋晓平（西北农林科技大学）

胡元亮（南京农业大学）

胡松华（浙江大学）

段智变（山西农业大学）

葛　铭（东北农业大学）

曾忠良（西南农业大学）

魏彦明（甘肃农业大学）

第一版编写者

主　编　于　船（北京农业大学）

参　编　丁璟昌（西北农业大学）

王天益（四川农业大学）

王耕良（北京农学院）

田宝丰（东北农业大学）

孙宝琏（江苏农学院）

宋大鲁（南京农业大学）

李呈敏（河北农业大学）

严钦典（华中农业大学）

杨致礼（甘肃农业大学）

张永先（山西农业大学）

张克家（北京农业大学）

陈正伦（贵州农学院）

姜治有（内蒙古农牧学院）

赵海沄（吉林农业大学）

莫　其（华南农业大学）

彭望奕（中国人民解放军兽医大学）

蔡良清（安徽农学院）

第二版修订者

主　编　钟秀会（河北农业大学）
参　编　（按姓名笔画排序）
韦旭斌（中国人民解放军军需大学）
刘占民（河北农业大学）
刘汉儒（华南农业大学）
刘钟杰（中国农业大学）
许剑琴（中国农业大学）
杨　英（内蒙古农业大学）
宋晓平（西北农林科技大学）
胡元亮（南京农业大学）
胡松华（浙江大学）
卿柳庭（华中农业大学）
葛　铭（东北农业大学）
曾忠良（西南农业大学）
魏彦明（甘肃农业大学）
主　审　于　船（中国农业大学）
审　稿　张克家（中国农业大学）
李呈敏（河北农业大学）

第三版前言

2003年出版的《中兽医学实验指导》（第二版）经过全国各个农业院校多年使用，认为内容丰富完整，系统性强，对提高学生的实践动手能力起到了很好的作用。但是，随着教学改革的不断深入，有必要对于上一版的实验指导进行必要的调整和修订。

本次修订根据有关院校在使用本教材中反映出来的问题，对内容进行部分调整。修订时，仍沿用《中兽医学实验指导》（第二版）的体例，内容分为实验准备、基础理论、辨证论治、中药与方剂、针灸、阉割术和病证防治共7章，供各院校根据实验课时和地域特点选用。所列入的实验项目，包括目的、准备（动物、药物和器材）、方法和步骤、观察结果（附图表和数据等）以及分析讨论几个部分。对于一些目前教学中暂时未能开设的实验，本次修订时做了删改。同时根据有些院校的要求，对牛的针灸穴位等内容有所增加，以满足教学需要。有不妥之处，恳盼同道指教，以便使本书随着时代发展和不断修订而日臻完善。

本书修订过程中得到了同行及师生的大力支持和无私帮助，河北农业大学有关领导十分关注并大力支持编写工作，在此一并致谢。

编　者

2015年10月

第一版前言

我国高等农业院校从设立中兽医学课程以来，尚未组织过统编实验指导。因此，在1984年5月于安徽合肥举行的《中兽医学》教材修订会议上，代表们一致认为，编写具有一定水平，与《中兽医学》相配套的《中兽医学实验指导》是当务之急。农牧渔业部教育司批示："可根据本课程大纲和教材的基本要求编写，同时也要积极改革实验内容和方法，以适应教学需要。"我们根据这一精神，由17所高等农业院校的主讲教师参加，查阅了大量文献和资料，按期完成了编写任务。

《中兽医学实验指导》系全国高等农业院校首次统编。内容分为实验准备、基础理论、辨证论治、中草药与方剂、针灸、家畜阉割术和病症防治共7章。所列入的实验项目，包括目的、准备（动物、药物和器材）、方法步骤、观察结果（附图表和数据等）以及分析讨论。在编写时，根据教学与形势的需要，既保留了中兽医传统技术的特色，又注意吸收了现代兽医学的先进实验技术，以供有关高等院校兽医专业中兽医学教学实验之用，也可供中兽医专业有关课程教学实验时参考。此外，对于其他教学、科研、生产单位的从事中兽医研究工作的人员，也有一定的参考意义。

本实验指导的审定会于1985年6月在北京举行，除编写组成员外，还邀请了一部分教学、科研和生产单位的同志参加了部分编写和审定工作，其中有杨宏道、郭云祥、吴培、谢仲权、陆钢、王绍维、陈洪涛、宋金斌、王清兰、赵阳生、牟玉清、刘明科、何静蓉、康懋勤等同志，同时北京中兽药厂给予了大力的支持和帮助，于此表示深切的感谢。

由于本实验指导涉及中兽医学的各个部分，又是初次编写，在内容和方法上可能存在不少缺点和问题，希望各有关院校或读者在使用过程中及时提出意见，以便今后修改和补充。

编　者

1986年6月

第二版前言

本实验指导为“面向21世纪课程教材”《中兽医学》的配套教材。自1987年第一版《中兽医学实验指导》印刷以来，全国各个农业院校多次使用，认为内容丰富完整，系统性强，起到了很好的作用。但是，由于全国各院校在专业课设置方面的调整，以及近年来畜牧业结构的变化，使得原教材出现了一些不太适应的问题。譬如，很多院校中兽医学课程学时数大大缩减；中兽医服务治疗对象由马、牛等大家畜转向鸡、猪等中小家畜甚至水产动物、蜂类等，因此需要调整部分内容，以适应今后教学需要。

本书沿用《中兽医学实验指导》（第一版）的体例，内容仍分为实验准备、基础理论、辨证论治、中药与方剂、针灸、阉割术和病症防治共7章。所列入的实验项目，包括目的、准备（动物、药物和器材）、方法步骤、观察结果（附图表和数据等）以及分析讨论。按照中国农业出版社教材出版中心的要求，全书掌握在15万字之内。因此，对于一些目前教学中暂时未能开设的实验，本次修订时做了删改。另外，增加了鸡病、犬猫病、鱼病等内容。有不妥之处，恳盼同道指教，以便使本书随着时代发展和不断修订，而日臻完善。

本书修订过程中得到了原书作者的大力支持和无私帮助。张克家、李呈敏两位教授逐字审定了全部书稿，河北农业大学有关领导十分关注并大力支持作者的工作，史万玉老师给予了大力协助，于此深表谢意。

编　者

2002年12月

目 录

第一章 实验准备

中兽医学（traditional chinese veterinary medicine）的实验内容包括基础理论、辨证论治、中药方剂、针灸以及病证防治的实际操作技术。实验动物、器材各不相同，在实验前要根据不同的内容和要求，做好充分的准备，这是关系到实验效果好坏的基本条件。

实验准备，主要包括实验动物、药物以及器材的准备。

（一）实验动物的准备

首先，应根据实验的要求对动物（包括家畜）的种属、性别、口齿或年龄、体重、健康状况等做出符合要求的选择。必要时选用无特定病原动物（SPF），人工制造动物疾病模型（或选用自然病例）进行实验观察。利用自然病例时，应尽量选择有代表性的患病动物和病证。

其次，实验中应对动物进行恰当的控制，以保证实验顺利进行。对动物的控制包括接近、捉拿和保定三个步骤。

（1）动物的接近：对于生性温顺（如豚鼠、鸡、兔和羊）或不温顺（如大鼠、犬等）的动物一般均应温和接近，切忌惊吓。对于牛、马等家畜也应从侧前方温和接近或抚摸颈胸侧，使其不致产生惊恐或反抗。对于犬一般生人难以接近，需用食物引诱或事先加以训练，尤其做慢性实验时必须进行训练。其他动物如青蛙等直接捕捉即可。

（2）动物的捉拿：经过调教的家畜如马、牛等，一般牵其缰绳拉至实验场地即可。但有些动物需要在注意安全的情况下进行捉拿。家兔和豚鼠从铁丝笼中取出时需从后面握其腰部，勿损伤其肾脏。一般情况下猫和家兔可手抓后躯和前颈部的皮肤。青蛙、蟾蜍等变温动物一般宜以一手的拇指和食指捏口裂后方两侧（头后部和前颈接合处）。鼠宜用一手捏两耳之间的头颈部皮肤，为防止大鼠咬人，可用一长柄夹代替手指，或用另一手向后牵住其尾，再进行保定或装入特制的鼠筒内保定。接近犬时，应迅速用手抓住两耳，另一人用绳将嘴绑起来，然后装入麻袋或犬笼，再送进实验室保定或麻醉。对于猫也可用此法。

（3）动物的保定：中兽医保定家畜有着非常丰富的传统经验，请参照有关专著。

第三，根据实验要求对动物进行局部或全身麻醉。一般药物麻醉可参照外科麻醉法进行，至于针刺麻醉可参考本书第五章。

（二）药物的准备

实验用药物包括各种剂型的中药、西药和试剂以及生理溶液，现仅介绍中药及试剂准备时的注意事项。首先，实验所用中药应符合《中华人民共和国兽药典》的规定。应先除去发霉、变质、虫蛀以及含有杂质的非药用部分。即便是地道药材也应注意除去非药用部分。如人参、玄参去芦；藕节去须根；枇杷叶、骨碎补去毛；白蒺藜、苍耳子去刺；肉桂、厚朴去表皮；枳壳去瓤；酸枣仁、苦杏仁去壳；龟甲、鳖甲去皮肉；巴戟去心等。同时要把符合要求的药物，按照需要制成适当的剂型（如汤剂、冲剂、散剂、注射剂、丸剂、膏剂、丹剂和酒剂等)。按照动物种类和大小的不同，确定剂量和服法。

其次，实验中应用的化学试剂，在配制时要称量准确，有特殊需要的要按规定干燥、称重、提纯。一般溶液应用蒸馏水或无离子水根据需要量配制，以免配制过多造成浪费或过期失效。试剂按分级要求一经取出，特别是液体不得放回原瓶，以免不洁或污染。配好后的试剂应贴标签，并注明名称、浓度、配制日期以及配制人。易变质和需要特殊保存的试剂，应根据要求密封（一般把瓶口塞紧后用蜡密封）、避光（可置棕色瓶或用黑纸包装）、干燥（一般可用石灰、无水氯化钙和硅胶）以及特殊保存。应用时要按照操作规程进行。

（三）实验器材的准备

实验器材包括实验仪器、玻璃器皿以及用具等。首先，实验用仪器，事先需根据操作规程进行检查，有故障时及时修理，以保证实验能顺利进行。对于玻璃器皿应洗涤清洁，尤其新购买的器皿表面常附有游离的碱性物质，可先用去污粉洗刷并用水冲净，然后用1%～2%盐酸溶液浸泡4h以上，再用水冲净，最后用蒸馏水冲洗2～3次，在100～130℃烘箱中烤干备用。

其次，针灸用具，需先检查有无弯折、生锈、损坏等现象，有不合用者应进行修理或弃用。对于生锈的铁质用具或针具可放入用蒸馏水等量稀释的氧化锌盐酸饱和溶液中，浸泡12h，取出后用温水冲洗，再用干布拭净，一般除锈后应呈美丽的银白色。铜制用具生锈，可用滑石1份、锯末2份、麦麸3份混匀，再用食醋拌成浆液，涂在铜制品的表面，等风干后用布擦干，铜锈就可除去。同时对于实验用其他器材也均应仔细检查，准备就绪，以保证实验的正常进行。

此外，对需要做消毒处理的器材和用具还应事先按要求进行必要的消毒。

（四）实验注意事项

（1）实验前应预习实验指导，明确实验的目的、方法和步骤，并根据实验要求或在教师指导下，做好实验前的各项准备工作。

（2）实验应用的重要仪器，如分光光度计、激光针灸仪、多导仪、光谱仪、酸度计、电泳仪、微波针灸仪、电针机等，事先应了解使用方法，并按照操作规程使用，发生故障应立即关闭电源，并告知指导教师，以做妥善处理。

（3）在实验时要严肃认真，不允许戏弄实验动物或家畜，更不允许利用药物、器材等嬉闹以及随意品尝药物。

（4）在实验中一定要注意安全和必要的防护，严防易燃物着火、使用电器触电、被针具刺伤、被刀刃划伤、被动物咬伤或踢伤以及被强酸强碱灼伤等。

（5）实验按分组同时进行时，各组所应用的器材、动物和药品应分别放置和使用，以防乱抄乱用，影响实验秩序和进程。

（6）在实验过程中，要按照实验指导的要求或在教师指导下，认真操作，仔细观察，详细记录实验过程中所出现的现象和结果。实验结束，应将观察的结果进行分析、讨论，并撰写实验报告。实验报告的内容主要包括题目、目的、方法、结果、讨论以及结论。

（7）实验结束后应将仪器、用具和场地整理或清拭干净，并把仪器和用具放归原处。若有损坏应主动登记。

第二章 基础理论

一、脾虚动物模型的制作和观察

(一) 目的

通过实验加深对脾虚证的理解，并在理论上加以深化，进一步认识脾虚证的本质。

(二) 准备

1. 动物 选择体重20～30g的健康雄性小鼠6只，随机分为造模组3只和对照组3只。

2. 药物 大黄、芒硝、厚朴、枳实分别研成粗粉，按1∶2∶1∶1的比例配伍，开水冲后，纱布过滤，配成每毫升含生药1g的大承气汤水浸液。活性炭加适量水，配成每毫升含2g活性炭的水混悬液。

3. 器材 鼠筒、药物台秤、数字体温计，直径25cm、高15cm的玻璃缸，温度计。

(三) 方法和步骤

(1) 造模组3只小鼠每天灌服大承气汤0.6mL，连续5～7d，每天观察至出现脾虚症状为止。对照鼠在同样饲喂条件下，不做任何处理观察上述项目。

(2) 造模组出现脾虚症状后，做消化道推进实验。分别给造模组和对照组的每只小鼠灌服0.6mL活性炭水混悬液，记录小鼠粪便中从投药到出现活性炭的时间。

(3) 上述实验后，接着做耐疲劳实验。把造模组和对照组小鼠分别进行标记，同时放入水深12cm的玻璃缸内，分别记录小鼠在水中游泳的时间。

(4) 脾虚模型判定标准：按食欲减退、泄泻、消瘦、四肢无力、体温降低、被毛失泽判定。

(四) 观察结果

(1) 对小鼠的精神、被毛、食欲、行动进行观察，将脾虚造模组与对照组的上述各项进行比较，并记录。

(2) 粪便排出量 (g)（表2-1）。

(3) 体重 (g)（表2-2）。

(4) 体温 (℃)（表2-3）。

(5) 消化道推进试验（表2-4）。

(6) 耐疲劳试验（表2-5）。

表 2－1　排便情况

	脾虚造模组			对照组		
	1	2	3	1	2	3
第 1 天						
第 2 天						
第 3 天						
第 4 天						
第 5 天						
第 6 天						

表 2－2　体重情况

	脾虚造模组			对照组		
	1	2	3	1	2	3
第 1 天						
第 3 天						
第 5 天						
第 7 天						

表 2－3　体温情况

天数	脾虚造模组			对照组		
	1	2	3	1	2	3
第 1 天						
第 3 天						
第 5 天						
第 7 天						

表 2－4　消化道推进试验结果

	脾虚造模组			对照组		
	1	2	3	1	2	3
最早出现活性炭时间 (min)						

表 2－5　耐疲劳试验结果

	脾虚造模组			对照组			
	1	2	3	1	2	3	
游泳至死亡时间 (min)							水温：_____℃ 室温：_____℃ 湿度：_____%

（五）分析讨论

（1）脾虚证的主要表现有哪些？

（2）小鼠灌服大承气汤所致泄泻能否判定为脾虚？

二、阳虚动物模型的制作和观察

（一）目的

阳虚是由于机体阴阳平衡失调所出现的阳气不足或机能衰退的表现，本实验试用药物制作模型，并进行治疗观察。

（二）准备

1. **动物**　健康小鼠12只。

2. **药物**　可的松（或氢化可的松），附子煎剂（1∶1），冰、食盐、碘酊和酒精。

3. **器材**　1mL注射器，ST－1型数字体温计，鼠筒，10cm深的玻璃缸，冰盐水装置。

（三）方法和步骤

（1）观察小鼠精神、活动、被毛、弓背情况、眼睛状况，并测体温。

（2）取8只小鼠每日分别腹腔注射可的松0.5mL，连续注射6d，观察小鼠有否出现阳虚症状，并与2只未注射药物的对照鼠做比较，观察有何不同。

（3）造模小鼠和对照小鼠各取2只分别做耐疲劳（在水中游泳，观察游泳时间）和耐寒冷实验。记录在水中游泳时间和在冰盐水（食盐与冰块按1∶2质量比混匀放入500mL烧杯内）中存活时间。

（4）将剩余阳虚症状的6只小鼠分成2组，1组做对照不治疗，1组经口灌服助阳药附子煎剂，每日1次，每次0.4mL，连服3d，进行观察，并做耐疲劳和耐寒冷实验。

（5）阳虚模型判定标准：按精神不振、活动迟缓、被毛粗乱、弓背、体温降低判定。

（四）观察结果

自行设计表格，详细记录。

（五）分析讨论

根据实验动物的主要表现，分析讨论阳虚证的实质，并评价助阳药附子的作用。

三、寒邪、热邪致病的实验观察

（一）目的

（1）通过观察寒邪、热邪致病后实验动物出现的症状表现，掌握寒邪、热邪的致病特点。

（2）通过给动物灌服寒凉药或温热药，以减轻寒邪、热邪引起病证的临床表现，加深对

“寒者热之，热者寒之”治疗法则的理解。

(二) 准备

1. **动物**　体重20g±2g健康雄性小鼠40只。

2. **药物**　白虎汤煎剂（1∶1）、四逆汤煎剂（1∶1），食盐、冰、酒精、碘酊。

3. **器材**　鼠笼，数显电子台秤，电子体温计，制冰机1台，6孔恒温水浴锅1台，250mL烧杯，1 000mL烧杯，10cm深大玻璃缸，1mL灌胃针。

(三) 方法和步骤

1. 热邪致病及中药预防实验

（1）分组：选取体重相近的雄性小鼠12只，随机分为2组。第1组为白虎汤+热邪模型组，第2组为热邪模型组。

（2）记录体重和体温：分别称重、测量体温。

（3）给药：第1组小鼠白虎汤灌胃，每10g体重0.2mL，60min后复制热邪动物病理模型。

（4）复制热邪模型组：将2～4只小鼠放到1 000mL空烧杯或500mL广口瓶中（给药与不给药小鼠要交叉分配，机会均等），置于45℃恒温水浴锅中，使其感受外界热邪。

（5）症状观察：随着烧杯内温度逐渐升高，观察小鼠出现的异常表现，待小鼠出现热汗、四肢无力、惊厥等症状时，迅速从烧杯中取出，再测体温，观察精神、黏膜色泽、被毛、汗液、四肢等。两组小鼠进行比较。注意计时：从盛有小鼠的烧杯放入水浴锅做第1次计时，至开始表现症状做第2次计时，从开始表现症状至症状明显进行第3次计时。

2. 寒邪致病及中药预防实验

（1）分组：选取体重相近的雄性小鼠12只，随机分为2组。第1组为四逆汤+寒邪模型组，第2组为寒邪模型组。

（2）记录体重和体温：分别称重、测量体温。

（3）准备冰盐浴：将食盐与新鲜制备的冰块按1∶2质量比混匀放入玻璃缸。

（4）给药：寒邪给药组小鼠四逆汤灌胃，每10g体重0.2mL，60min后复制寒邪动物病理模型。

（5）寒邪模型的复制：将5个各放2只小鼠的250mL烧杯置于盛有冰盐混合物的大玻璃缸内，使其感受外界寒邪。

（6）症状观察：随着温度逐渐降低，观察小鼠有何异常表现，待小鼠表现出末梢皮肤黏膜变得苍白、皮紧毛乍、肢体僵硬时，从烧杯中取出，再测体温，放于桌面上观察行走步态等。两组小鼠进行比较。注意计时（同上）。

(四) 观察结果

观察实验鼠和对照鼠在寒邪、热邪实验前和实验后的精神、黏膜颜色、被毛、汗液、四肢和体重的变化。热邪和寒邪致病出现的症状表现记录在表2-6中。

表 2-6 实验结果

组别		精神	黏膜色泽	被毛	汗液	四肢	体重
给药鼠	实验前						
	实验后						
对照鼠	实验前						
	实验后						

(五) 分析讨论

(1) 热邪致病有哪些症状？本实验能看到哪些？为什么会出现这些症状？

(2) 本实验寒邪致病动物表现哪些症状？是属于外寒还是内寒？为什么？

(3) 四逆汤和白虎汤在本实验中分别发挥了什么作用？

第三章 辨证论治

一、牛病的诊法

（一）目的

了解中兽医临床诊察牛病的基本过程及步骤，掌握牛病望、闻、问、切的操作技术，并了解其注意事项及应用范围。

（二）准备

1. **动物** 牛（奶牛、黄牛、水牛均可）2头。
2. **药物** 5%碘酊、70%酒精棉球。
3. **器材** 牛鼻钳、听诊器、体温计、病历夹、病历表、保定绳。

（三）方法和步骤

1. **望诊** 内容很多，大体可分为望全身、望局部和察口色三个方面。实习时教师先示范操作，学生认真观察。

（1）望全身：

①精神：精神的好坏在全身很多方面均有所表现，其中突出地反映在眼睛、耳朵、面部表情和对外界事物的反应能力上，故望精神应重点集中在这几个方面。

②形体：外形、体质的肥瘦强弱，其与五脏相应，一般说来，五脏强壮的，形体也强健；五脏虚弱的，外形也衰弱。其中形体变化与脾胃功能更为密切。

③被毛：被毛的变化可反映机体抗御外邪的能力及家畜气血的盛衰和营养状况，同时也体现着肺气的强弱和有无机械性损伤。

④动态：健康牛卧多立少，站立时常低头，休息时常半侧卧，两耳前后扇动或用舌舔鼻或被毛，人一接近即行起立，起立时前肢跪地，后肢先起，前肢再起，动作缓慢，卧地或站立时，常间歇性倒嚼。

（2）望局部：

①眼：眼为肝之外窍，但五脏六腑之精气皆上注于目，这说明望眼除了在望神中有重要意义外，还可测知五脏的变化。具体内容有望眼神、望目形、察眼色等。察眼色时只要两手握住牛角，将牛头扭向一侧，巩膜、瞬膜即可外露（图3-1）；欲检查结膜时，可用两手大拇指将上下眼睑拨开观察。

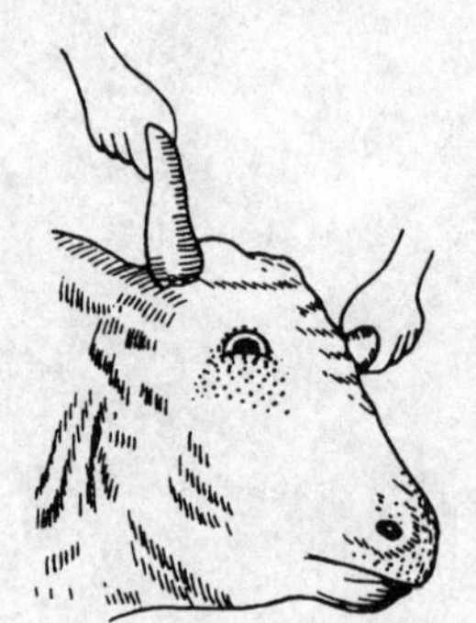

图3-1 牛巩膜检查法

②耳：耳的动态与牛的精神好坏、肾及其他脏腑的某些病证有关。健康牛两耳灵活，听觉正常。两耳下垂、歪斜、竖立、唤之无反应均预示相应疾病的发生。

③鼻：应注意观察鼻孔的开张，鼻涕的有无及性质，特别是鼻镜的检查对疾病的诊断具有十分重要的意义。正常情况下，鼻镜湿润，且有少许水珠存在，触之有凉感。患病后鼻镜部即发生不同变化。为了更好地观察鼻汗分泌的情况，也可左手牵住鼻孔，右手擦去鼻汗，稍待即可看见鼻汗分泌情况，可从分泌快慢、汗珠大小、分布情况等判定寒热、虚实。

④口唇：望口唇，不仅要从外部观察口唇的形态及运动，还要打开口腔观察内部的情况和变化。口唇变化不仅反映脾气的盛衰，而且可以反映出全身功能状态。观察时注意口唇有无歪斜，牙关是否紧闭，唇、舌、齿龈、颊部等处有无疮肿、水疱、溃烂、破伤等，以及口津多少、流涎程度及性质等。

⑤呼吸：呼吸异常往往与肺有关，其他脏腑功能失调也可影响气机，而造成呼吸功能的变化。在疾病过程中，呼吸的次数及状态常发生变化，主要有快、慢、盛、微、紧缓不齐、姿势异常等。

⑥饮食：望饮食包括观察饮食欲、饮食量、采食动作和咀嚼吞咽情况等，特别是反刍情况更应注意。正常情况下，反刍的次数、时间均有一定的规律，多为食后 30～60min 即开始反刍，每次反刍持续时间在 20min 至 1h 不等，每昼夜反刍 4～8 次，每次返回口腔的食团再咀嚼 40～60 次，高产乳牛的反刍次数较多且每次的持续时间长。在多种疾病过程中均可出现反刍障碍，表现为反刍开始出现的时间晚，每次反刍的持续时间短，昼夜间反刍的次数少以及每个食团的再咀嚼次数减少；严重时甚至反刍完全停止。

⑦躯干：观察胸背、腰、肚肷等部位的变化，注意被毛及上述部位有无胀、缩、拱、陷等外形异常。

⑧四肢：观察四肢站立和走动时的姿势和步态，以及四肢各部分的形状变化。

⑨二阴：指前阴和后阴。前阴指外生殖器，注意观察阴茎的功能、形态；阴门的形态、色泽及分泌物的情况。后阴指肛门，观察时注意其松紧、伸缩及周围的情况等。

⑩粪尿：注意观察粪尿的数量、颜色、气味、形态等。

⑪乳房：在奶牛检查时尤为重要，注意其对称情况、大小、形状、外伤、皮肤颜色、疹疮及挤乳时患牛的表现，乳汁的颜色、黏稠度、有否絮状物及混杂物。此时最好结合触诊（温度、质地、结节）进行。

（3）察口色：

①方法：检查者站于患牛头部的左侧方，先用手轻轻拍打牛的眼睛，在其闭眼的瞬间，以一手的拇指和食指从两侧鼻孔同时伸入，并捏住鼻中隔（或握住鼻环）向上提举，另一手从口角伸入口腔，拨开嘴唇、推动舌体，此时即可进行观察。

②部位：牛的口色由于受色素沉着的影响，故观察部位以颊部、舌底及卧蚕和仰池为主。

③表现：正常口色呈淡红色。病理口色有白、赤、青、黄、黑等五色的变化。正常舌苔薄白。病理舌苔为白、黄、灰黑三种表现。

正常舌筋（舌下静脉）不粗不细不分支，形如棉线。病理舌筋有的粗大，分支明显，呈乌红色，形如麻线；有的细小，不明显，不分支，呈苍白色，形如细丝线。将舌体等分三段，舌尖舌筋变化与上焦病证有关，舌中部舌筋变化与中焦病证有关，舌根舌筋变化与下焦病证有关。

看口津，主要是分辨口津的多少和性质，是量少而黏稠，还是量多而清稀。看舌形，主要是看舌体形状大小及手感有力无力，如舌体是肥瘦适中，还是舌肿满口，板硬不灵，或是舌软如绵，伸缩无力。

2. 闻诊　是通过听觉和嗅觉了解病情的一种诊断方法，包括耳闻声音和鼻嗅气味两个方面。

（1）闻声音：包括叫声、呼吸音、咳嗽声、咀嚼及胃肠音，同时结合听诊心音、肺音等音响。

①叫声：健康牛在求偶、呼群、唤子等情况下，往往发出洪亮而有节奏的叫声，疾病过程中，叫声的宏微高低常有变化，甚至出现低微的呻吟声。

②呼吸音：一般不易听到，剧烈运动和劳役时，呼吸音变粗大，疾病过程中呼吸气息常有变化，严重者出现气息急促而喘。

③咳嗽：健康牛一般不咳嗽，咳嗽是肺经病的一个重要症候。由于疾病性质和病程不同，咳嗽的声音、时间及伴随的症状也不相同，有实咳、虚咳，有干咳、湿咳，有白天咳嗽、夜晚咳嗽的不同。

④咀嚼：健康牛在采食、反刍时，可听到清脆而有节奏的咀嚼声，疾病过程中可见到咀嚼缓慢小心、声音低微，或口内并无食物而牙齿咬磨作响等异常表现。

⑤瘤胃、瓣胃、皱胃音：多以听诊器进行间接听诊。正常时，瘤胃随每次蠕动而出现逐渐增强而又逐渐减弱的沙沙声，似吹风样或远雷声，健康牛每 2min 有 2～3 次，以判定瘤胃蠕动音的次数、强度、性质及持续时间。瓣胃呈断续性细小的捻发音，于采食后较为明显，主要判定蠕动音是否减弱或消失。皱胃音呈流水声或含漱音，主要判定其强弱和有无蠕动音的变化。

⑥肠音：健康牛在整个右腹侧，均可听到短而稀少的肠蠕动音，呈流水音或含漱音。

（2）嗅气味：包括口气、鼻气、粪、尿、乳汁等的气味。

①口气：健康牛口内带有草料气味，无异臭。若出现异常气味，多为口腔及前胃疾病。

②鼻气：健康牛鼻无特殊气味。若出现异常气味，多是肺经有病，在牛患酮血病时，鼻气中出现烂苹果气味。

③粪：正常时有一定的臭味，在某些胃肠疾病过程中，臭味不显，多为虚寒证；臭味浓重，多为湿热证。

④尿：正常时气味较小。在疾病过程中，气味熏臭，多为实热；无异常臭味，多属虚寒。

⑤乳汁：正常时有一定的乳香味。在患病时出现异常气味，如在患酮血病时出现特异的似烂苹果的丙酮气味。在某些中毒性疾病过程中也可出现相应的中毒物的气味。

3. 问诊　就是通过与畜主及有关人员有目的地交谈，对病畜进行调查了解的一种方法。问诊的内容主要有下列几项：

（1）发病及诊疗经过：包括发病的时间、地点，起病时的主要症状，疾病发展的快慢。是否进行过治疗，如何治疗的，疗效如何。

（2）饲养管理及使役情况：包括饲料种类、来源、品质、调制及饲喂方法，圈舍有无，条件如何，使役量，使役方法，鞍挽具等。

（3）病畜来源及疫病情况：包括病畜是自繁自养的还是外地引进的，是个体发病还是群体发病，是否进行过防疫工作。

（4）既往病史及生殖情况：包括患畜过去得过什么病，与这次发病的关系，包括生产性能，如泌乳量等，以及配种、妊娠、产仔的情况等。

总之，问诊要灵活，切不可千篇一律，在内容上既要全面搜集情况，又要有重点深入，问清与辨表里、寒热、虚实有关的细节。此外，问诊时语言要通俗，态度要和蔼，以启发的方式进行询问，从而取得畜主的很好配合。

4. **切诊** 就是依靠手指的感觉，进行切、按、触、叩，从而获得辨证资料的一种诊察方法，包括切脉和触诊两部分。

（1）切脉：

①方法及部位：诊者站在患牛正后方，左手将尾略向上举，右手食指、中指、无名指布按于尾根腹面，用不同的指力推压和寻找即得，拇指可置于尾根背面帮助固定。因牛切的是尾中动脉，所以具体部位一般是以肛门中心相对应的尾根定关部（即中指定关部），其上一指为寸部，其下一指为尺部，也可在牛尾椎骨第三节处定关部，据此确定寸、关、尺三部，分应上、中、下三焦病变。

②表现：正常脉象是不浮不沉，不快不慢，至数一定，节律均匀，中和有力，连绵不断，一息四至。正常脉象随机体内外因素的变化而有相应的生理性变化，如季节、性别、年龄、体格等。

病理脉象：由于病症多样，故脉象的变化也就相应复杂，重点掌握八大脉象，即浮、沉、迟、数、虚、实、滑、涩。

③注意事项：切脉成败的关键在于保持病畜及周围环境的安静，使患牛安静的常用方法是：公牛宜抚摸睾丸或抓搔后海穴，母牛宜扣耳角根，犊牛宜母牛在身旁。切脉应首先学会定位，其次摸到脉搏，最后平心静气地去感觉。

（2）触诊：

①凉热：用手触摸患牛有关部位温度的高低，以判断寒热虚实，现多结合体温计测定直肠温度。具体包括口、鼻、耳、角、体表、四肢等部位。

触摸角温时，四指并拢，虎口向角尖，小指触角基部有毛与无毛交界处，握住牛角，若小指与无名指感热，体温一般正常，若中指也感热，则体温偏高；若食指也感热，则属发热无疑。若全身热盛而角温冷者，多属危症。

②肿胀：触摸时要查明其性质、形状、大小及敏感度等方面的情况。

③咽喉及槽口：主要应注意有无温热、疼痛及肿胀等异常变化，如牛的放线菌病即有该处变化。

④胸腹：用手按压或叩打两侧胸壁时，观察其躲闪反应。顶压剑状软骨突起部看其疼痛反应。触诊瘤胃是腹部重要的检查内容，检查者位于牛的左腹侧，左手放于中背部，右手可握拳、屈曲手指或以手掌放于肷部，先用力反复触压瘤胃，以感知内容物性状，正常时似面团样硬度，轻压后可留压痕，随胃壁缩动可将检手抬起，以感知其蠕动力量，并可计算次数，正常时每 2min 为 2～3 次。

⑤谷道入手：主要用于子宫、卵巢、肾、膀胱等脏器疾病的检查和妊娠诊断以及判断骨盆、腰椎有无骨折、包块等。

（四）观察结果

将四诊结果进行综合整理，最终确定其临床诊断意义。

（五）分析讨论

四诊各有什么诊断意义？四诊合参在临证上的重要性是什么？

二、马属动物病的诊法

（一）目的

了解马属动物病诊察的一般程序，重点掌握马属动物四诊所特有的操作技术，注意与牛病诊法的联系和比较。

（二）准备

1. **动物**　马、骡、驴各1匹（头）。

2. **药物**　5%碘酊、70%酒精棉球。

3. **器材**　耳夹子、听诊器、体温计、病历夹、病历表、保定绳。

（三）方法和步骤

1. **望诊**　方法、步骤、内容及注意事项与牛的相近。

（1）望全身：内容包括精神、形体、被毛及动态。特殊之处是健康马属动物喜长时间站立，昂头不动，轮歇后蹄，形态自然。有时卧地，人一接近即行站立。一旦患病则可表现出各种不同的姿势，或运步变形，或起卧打滚，或卧地不起。

（2）望局部：内容包括观察眼、耳、鼻、口唇、呼吸、饮食、躯干、四肢、二阴、粪尿等。特别之处是察眼色的方法。检查时，术者左手握住笼头，右手食指掀起上眼睑，拇指拨开下眼睑，眼结膜和瞬膜即可露出。

（3）察口色：

①方法：检查者站于患畜头部的左侧方，右手抓住笼头，左手食指和中指拨开上下嘴角，即可看到唇、口角、排齿的颜色。然后将这两指从口角伸入口腔感觉其干湿温凉，再将二指上下一撑，将口张开，便可看到舌色、舌苔、舌形及卧蚕。最后再将舌拉出口外，仔细观察舌苔、舌体、舌面及卧蚕等部位的细微变化（图3-2）。

②部位：主要看唇、舌、卧蚕和排齿，而以舌为主。按《元亨疗马集·脉色论》记载，不同部位对应不同脏腑，即“舌色应心，唇色应脾，金关应肝，玉户应肺，排齿应肾，口角应于三焦”。在察舌时，又有舌尖应心与小肠，舌中应脾胃，舌根应肾与膀胱，舌左侧应肝胆，舌右侧应肺与大肠的方法（图3-3）。

③表现：正常口色、有病口色（颜色、舌苔、口津、舌形）所阐示的内容、意义同牛。

2. **闻诊**　同样包括闻声音和嗅气味两个方面。

（1）闻声音：包括叫声、呼吸音、咳嗽声、咀嚼及肠音等。特殊之处是马属动物肠音听诊在诊断意义上较牛重要。听诊时主要判定其频率、性质、强度和持续时间，正常小肠音如流水声或

图3-2　检查马口色方法

含漱音，每分钟 8～12 次，大肠音似雷鸣或远炮声，每分钟 4～6 次。

(2) 嗅气味：包括口气、鼻气、粪、尿等。马属动物的尿液有一定的刺鼻臭味，比牛尿气味浓烈。

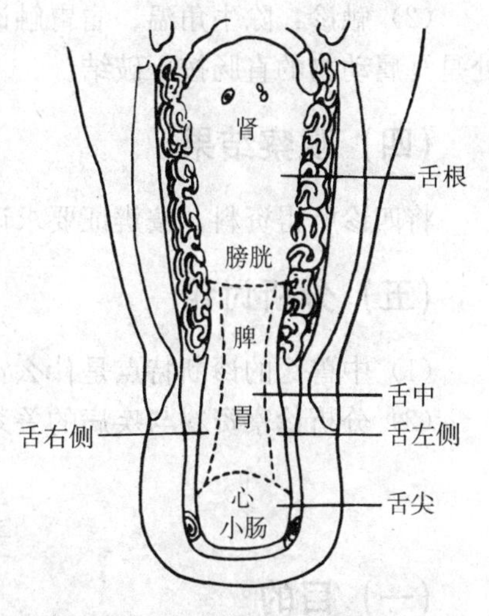

图 3-3　舌体分应脏腑图

3. 问诊　内容及方式与牛问诊相同。主要是采取有目的地诱导性方法进行，避免直接地、生硬地、单纯性地询问，应根据具体情况灵活掌握，有目的、有重点地问，如结合农业季节询问病畜的使役情况，饲喂草料的种类及质、量，公畜询问配种是否过度，母畜问胎产等情况。

4. 切诊　同样包括切脉和触诊两部分

(1) 切脉：

①部位及方法：

诊脉的部位：中兽医对马的诊脉部位，传统上主要是双凫脉（颈础部的颈总动脉）。双凫脉左分三部，右列三关，分应脏腑。在左侧胸颈交界处上方一、二指处按上无名指为下部，再距一指按上中指为中部，再隔一指按上食指为上部，这是左侧三部。上部应心和小肠，中部应肝和胆，下部应肾和膀胱。右侧三关，为风关、气关、命关，与左侧上部、中部、下部的部位是相对称的。风关应肺和大肠，气关应脾和胃，命关应命门和三焦。但在临床实践中常因双凫脉位置较深，脉管滑动，特别是较肥壮的马，按脉常较困难。

目前大多数人主张，诊脉以选择浅表动脉为宜，马诊颌外动脉，其部位在左右下颌支后下缘血管切迹处。

诊脉的方法：诊脉时需待病畜站立宁静，呼吸平顺及周围环境清静时进行。诊双凫脉时，诊者站在病畜侧方，一手扶住鬐甲部，另一手食指、中指、无名指，应根据家畜体格大小，放置于三部或三关的适当位置上，然后采取不同的指力体察相应脏腑脉象的区别。诊完一侧，再诊另一侧。诊颌外动脉时，医者站在马头一侧，一手握住笼头，另一手拇指置于下颌骨外侧，用食指、中指、无名指三指伸入下颌支内侧按诊颌外动脉（图 3-4），但不要太紧，三指宜稍疏散，先下中指感到脉管跳动再下食指、无名指，用程度不同的指力探脉。

图 3-4　马颌外动脉诊法

诊脉时常用三种指力，即浮取、中取、沉取。轻用力，按在皮肤，名浮取（举）；不轻不重中等度用力，按于肌肉，名中取（寻）；重用力按于筋骨，名沉取（按）。浮、中、沉三种指力的取法，称为“三部九候”。另外，手指还要加以不同的指力前后推寻，以感觉脉搏幅度的大小、流利的程度，并以自己的呼吸数来衡量脉搏的快慢程度等，对脉象得出一个完整的概念。前人把诊脉的指法综合归纳为定息、浮、中、沉取及举、按、寻。定息以诊迟、数；举按以诊浮、沉；推寻以诊洪、微、细、大；持久以诊滑、涩、紧、弦。

②表现：同牛。

(2) 触诊：除牛角温、瘤胃触诊马属动物不具备之外，其他内容同牛基本相似，特别之处是马属动物的直肠按压破结。

(四) 观察结果

将四诊所得资料，按辨证要求记录于病历表内。

(五) 分析讨论

(1) 中兽医的诊断特点是什么？

(2) 分析诊察资料与疾病的关系。

三、猪病的诊法

(一) 目的

通过本实习掌握猪病诊断的一般程序，学会和掌握对猪病的具体诊法。

(二) 准备

1. **动物**　猪2头。

2. **药物**　5%碘酊、70%酒精棉球。

3. **器材**　猪保定台、保定绳、体温计、开口器、阴道开腟器、听诊器、病历夹、病历表。

(三) 方法和步骤

1. **望诊**　内容、步骤与牛相近。

(1) 望全身：猪在正常情况下，性情活泼，不时拱地，被毛光润，鼻盘湿润，目光明亮有神，行走时尾巴卷曲并不时摆动，贪食，食后多睡卧，一旦患病，多表现精神不振，呆立一隅，或伏卧不起，行走时无精打采。

(2) 望局部：包括眼、耳、鼻、口唇、呼吸、饮食、躯干、四肢、二阴、粪尿等。望局部的总原则是先易后难。重点看其眼睛有否眼屎，用右手打开上下眼睑，观察结膜色泽变化，注意鼻盘的活动和湿润、干燥情况，这在猪病诊断上意义重大。用开腟器打开阴道，看其分泌物和色泽变化。用手将肛门轻轻打开，看其直肠黏膜色泽变化。最后由畜主挟持猪背双手持其两前肢，医者用开口器打开口腔看其色泽、舌苔、口津、舌形的变化，正常口色为桃红色，病色、病苔表现与牛、马相同。由于猪是杂食动物，舌苔易被食物污染而产生“染苔”，临证时注意鉴别，防止误诊。

2. **闻诊**　听诊主要是听其叫声、咳喘声、空嚼声、心音、肺部呼吸音、胃肠音等；嗅诊主要是嗅其口气、鼻气、粪尿气味等。正常猪呼吸平和，无咳喘声，拱地时有一定的吭吭声，采食时口中发出洪亮的拨打声和咀嚼声，心音均匀有力，口鼻无异味。

3. **问诊**　内容、方式、原则同牛问诊相近。总的说来，要有的放矢，灵活掌握，一般主要问明饮食欲情况，饲养管理（包括饲料种类、来源、品质、调制及饲喂方法等），发病经过，治疗经过，特别应注意问清周围猪群的发病情况，有无和病猪接触过，有无进行过疫苗接种，结合检查再询问咳嗽、粪尿、配种、胎次，以及有无接触过有毒物质等。

4. **切诊** 包括切脉和触诊。

(1) 切脉：猪一般以切股内动脉为主，配合听诊心音节律，相互合参，作为猪的脉诊依据。切脉时，先应通过抓搔等方法使患猪安静下来，然后诊者蹲于患猪一侧，在膝关节上部沿腹壁伸向股内侧正中部，用食指、中指、无名指三指触之并轻轻移动，触到脉象为度，进一步诊察体会脉搏的性状。

(2) 触诊：主要包括触摸凉热、肿胀及腹诊等内容。

①凉热：主要摸皮温、耳温、鼻温、四肢温度，以感知患猪体温的高低。在实际诊断过程中，常常配合体温计测定直肠温度，作为参考依据。如耳根发热，耳尖发凉，常为发热较重，全耳较热为热证，全耳较凉为寒证，耳部时热时凉为半表半里证，全耳冰冷常为危症。四肢发热为热证，四肢较冷常为寒证，四肢冰冷常为危症。皮温较高常为热证，皮温较凉常为寒证，皮温不均常为半表半里证。

②肿胀：触摸体表有无肿块，以及病灶的性质、性状、大小及敏感度等，从中判定疾病的寒热虚实。

(3) 腹诊：主要是感知腹部皮肤的紧张度、敏感性及腹腔内部的状态，如按压或叩打时患猪躲避或拒按，则多为腹壁炎症；如肚腹硬如鼓，常为气胀或食积，如腹内有硬块，常为便秘；压腹还可感知胎儿情况。

（四）观察结果

将四诊所得资料，一一记录，并进行分析综合。

（五）分析讨论

讨论中兽医对猪病的诊断方法和特点。

四、骆驼病的诊法

（一）目的

通过本实习，掌握骆驼病的诊察方法，了解骆驼病的症状特点及其与疾病的关系。

（二）准备

1. **动物** 骆驼2峰。
2. **药物** 70%酒精棉球、来苏儿。
3. **器材** 保定绳、面盆、毛巾、听诊器、体温计、病历夹、病历表。

（三）方法和步骤

1. **望诊** 方法、步骤、内容及注意事项与牛相近。

(1) 望全身：内容包括精神、形体、被毛及动态。应着重对驼病诊断有特殊意义的精神、驼峰和被毛的检查。健康驼体幅宽大壮实，骨骼粗大而结实匀称，肌肉发达，皮肤较厚，被毛长密，油润光泽，头部大而鼻梁隆起，颈项弯曲，粗而长，背腰短而宽，胸宽而深，四肢粗壮有力，蹄大而圆，耳灵眼活，感觉敏锐，尾巴运动轻快，行动坐卧平稳自然，驼峰直立，姿势优美，威武雄壮。若骆驼精神萎靡不振，或躁动不安，摇头晃脑，不停呻吟，驼峰倒垂者均为病象。如病驼双峰倒垂，精神萎靡、毛焦多汗、卧多立少，多为劳役之症。若夏季见皮肤溃烂、瘙痒、变粗糙或结痂多为蜱螨咬叮所致。

（2）望局部：包括眼、鼻、耳、口唇、呼吸、饮食、反刍、躯干、四肢、二阴等。应着重对眼睛、饮食、反刍、尿粪检查。驼的眼睛检查同马，驼的呼吸数为5～15次/min，牧放群驼，一般白天采食，食欲旺盛，十分贪食，夜间反刍（主要集中在夜间12点以后坐卧进行），反刍声音清脆有力，节律整齐，持续1h左右，每块食团返回口中咀嚼40～60次。如反刍迟缓，或次数减少，多为脾胃不和、宿草不转、百叶干等证；反刍停止，常为病重的表现，反刍逐渐恢复，咀嚼由少到多，均为病情缓解之征象，预后良好。骆驼尿液多为清亮透明，或呈淡黄色，气味不太显著，但受饲养、饲料的影响，如饮碱性水后，则尿多变混浊，采食灯束草、茨蓬草时则尿呈靛蓝色，牧民称之为“尿靛”。驼粪呈鸽蛋大小，外表光亮，黑油油的，比较干硬，落地也不破碎。若病驼身瘦毛焦、反刍减少、粪便干燥者，多为百叶干。

（3）察口色：察口色时，先使骆驼跪卧，然后由助手牵定鼻棍，固定头部，检查者在驼左侧用左手食指和中指由口角犬齿后边伸入口腔，首先应感觉口内温度和湿度，再用两指上下一撑，将口张开，以观察口腔、颊、颚、舌的形态，黏膜颜色、光泽、润滑度等，最后可将舌体拉出口外（较为困难，因舌系带较短）仔细检查舌体、舌苔及卧蚕、仰池的情况，检查舌苔时除注意色泽外，尚应注意舌苔的厚腻、有无裂纹等。

2. 闻诊　包括听声音和嗅气味两个方面。

（1）听声音：主要内容为听叫声、呼吸声、咳嗽、咀嚼和磨牙声、呻吟声、嗳气、肠音和瘤胃蠕动音。重点在咀嚼、磨牙、呻吟、瘤胃蠕动及喷鼻等特有声音的鉴别上。

（2）嗅气味：主要内容为嗅口气、鼻气、脓味、带下臭以及粪便、尿液的气味。

3. 问诊　内容与方法和其他家畜相同，不再赘述。总之问诊一般无固定的形式，但必须遵循有的放矢的原则，抓住重点和关键问题深入了解，而措词则应根据具体病情有目的地灵活运用，同时谈话态度要和蔼，语言要通俗易懂，注意启发诱导，要有责任感和同情心以取得畜主的积极配合，这样有助于疾病的诊断和治疗。

4. 切诊　包括切脉与触诊两个方面。

（1）切脉：驼的切脉部位在第五尾椎腹面的尾动脉上，切脉时应先令骆驼卧于地面，然后用左手将尾根握住，轻轻提起，右手食、中、无名指三指仔细按压。正常时驼一息四至。

（2）触诊：通过触、摸、按来探察骆驼有关部位的冷热温凉，以及有无肿胀及肿胀部的软硬、大小、形状、温度和敏感度等，为疾病诊断提供有关资料和依据。具体检查方法与牛、马相同。

（四）观察结果

将四诊所收集到的资料，逐项填写在病历表内，并进行分析、综合。

（五）分析讨论

讨论骆驼病的诊察特点，并分析观察结果与疾病的关系。

第四章 中药与方剂

一、药用植物标本采集及蜡叶标本制作

（一）目的

了解如何根据各种植物的特性采集较理想的标本，掌握蜡叶标本的制作方法。

（二）准备

1. **药物** 氯化汞、95%乙醇。

2. **器材** 掘铲、丁字镐、枝剪、高枝剪、采集筒、塑料袋、种子袋、标本夹、线带或帆布袋、记录纸、小号牌、工作日记、铅笔、胶水、标本签、草纸、标本台纸（42cm×29cm）。

（三）方法和步骤

1. **采集**

（1）采集具有代表性的完整的标本：根、茎、叶、花、果等力求齐全，并突出药用部分；生长发育正常、无病虫害或损伤的植株，其大小以不超过一张台纸的长度为宜。大的植株可适当修剪，切勿任意以手折断，必要时可酌情将茎弯折；小的草本植物一般采全株，过小者，可用纸包好，连纸包一起压制。对于过大植株，为了说明全株特征，可酌情按根、茎、叶、花、果等分别采集；有些水生植物，全株浮生水面，根生水中，应设法一并采集；寄生植物应同时采集寄主；雌、雄异株植物，应注意将两株采齐；有变异的植株，也要注意多采几株；还要根据花果期在不同时期进行采集。每采集一种植物，应尽快地放入采集箱或塑料袋内，以免叶、花萎缩卷曲，影响标本质量。每一种标本通常采 3～5 份，以供鉴定、交换、保存等用。

（2）做好标本编号和采集记录：每采一件标本，应用一小硬纸牌，以铅笔写上编号和采集日期，系在标本上。同一植株的若干部分，只能编同一号码。采集记录的内容包括植物名称、植物地方名、采集地点、生态环境、性状、花果及用途等，以助了解药物情况。

2. **压制**

（1）初步整理：压制前可适当整形，修去多余的枝叶、花果，洗去根部的泥土。某些肉质植物如肉质茎、块根、块茎等不易压干，可先放入开水中温烫 30s 后再压制，或切成两半后再压。

（2）压制过程：将标本夹放平，上置 3～4 层或 7～8 层草纸，草纸层的多少，视标本含水量的多寡及吸水纸的质量而定。然后将标本平整地摊放在草纸上，切不可互相重叠覆盖，勿让叶子卷曲；正、反面的叶子各压一些，花、果按其野生状态展放。体积小的标本，不应折叠；较大的超过草纸面积的可适当折叠成 V 或 N 形。将标本放在干燥草纸上，再盖上一层干草纸。以后每隔一层草纸放一份标本，这样边整理、边压制，当标本压到一定高度后，

再盖上另一块标本夹。用绳带捆扎，松紧适宜。一般新鲜植物，由于含水量较大，易致发霉变质，因此必须每日更换草纸1～2次，以后视标本的干燥情况，每1～2d换一次，待标本的水分慢慢吸干后，可将标本逐步捆紧一些，并可置于阳光下照晒，加快水分蒸发，一般经7～10d后就不需要再换纸。如果是水生的或肉质多浆的植物，应勤换干草纸，压制时间也要更长一些。每次换下的草纸，必须及时晒干或烘干，以备再用。在换纸过程中，若有叶、花、果脱落时，应随时将脱落部分装入纸袋内，并记上采集号，附于该份标本，切勿丢弃。

3. 标本消毒　为防止标本发霉、虫蛀而变质，上台纸前，应进行消毒。

（1）消毒液配制：取1g氯化汞，置于95%乙醇液1 000mL内，使其成0.1%溶液，摇动使其溶解均匀。

（2）消毒法：将标本在氯化汞乙醇液浸湿，取出，待乙醇挥发后，即可上台纸。

4. 上台纸

（1）确定位置：标本平放于台纸中央，较大或较长的标本可以倾斜放置，并注意右下角和左上角留出适当空间，以便粘贴标签。

（2）粘贴标本：在标本反面用毛笔涂上一层胶水，将它粘贴于台纸的适当位置上。

（3）加固整理：贴好的标本夹在草纸中，并用重物压平。待胶水干后，再用细棉线将标本的根、枝、果等处钉牢。标本掉落果实种子等部分，放入种子袋，钉在台纸上。

（4）贴标签：台纸的左上角贴上采集记录纸，右下角贴上鉴定植物的标签。

5. 鉴定　标本上好台纸后，即可鉴定。一般可根据全国和地方植物志，鉴定植物的学名。鉴定学名后，将该药用植物的中文名称、常见别名、药材名、药用部分、功能、主治、采集地点、日期、采集者、鉴定人等内容填写于标签上。

6. 保存　已制成的蜡叶标本，应保存在干燥密闭的标本橱内，同时必须放入杀虫剂如樟脑之类，以便长期保存，供学习研究用。

（四）观察结果

将自己制作的标本检识一遍，并与他人互相核对。

（五）分析讨论

采集具有代表性的完整的标本，应有哪些要求，并分析其原理所在。

二、原色药用植物标本制作

（一）目的

了解原色药用植物标本的制作原理，并掌握其制作方法。

（二）准备

1. 药物　硫酸铜、醋酸铜、亚硫酸、氯化铜、甘油、冰醋酸、福尔马林、硼酸等。

2. 器材　标本缸、陶瓷盆、塑料桶（盆）、量杯或量筒（500mL或1 000mL）等。

（三）方法和步骤

1. 颜色固定

（1）绿色的固定：方法较多，常用下列三种方法。

①5%硫酸铜溶液浸渍：将新鲜标本放在5%硫酸铜溶液中浸渍1～2周，待标本变为深绿色或褐色时，取出用水漂洗，然后放在2%～3%亚硫酸溶液中进行漂白净化，如果标本在硫酸铜溶液中浸渍过久，颜色变褐时，可在亚硫酸液中加少量1%～2%硫酸或盐酸，待标本返绿后取出用水洗净。

②温热醋酸铜处理（快速着绿法）：标本质地较硬或表面蜡质多或绒毛多者，常用此法。

处理液：先将醋酸铜18g，冰醋酸50mL，加水50mL搅拌成饱和溶液，再将此饱和液加水3～4倍稀释即成处理液。

处理法：将处理液加热至85℃时，放入标本，液温控制在82～83℃，10min左右，待标本变黄褐色再转绿时取出用清水漂洗。

标本加热时间不宜过长，以防破烂。处理过程中应经常翻动标本，以利均匀着绿。在处理过程中应避免与铁器接触，否则影响标本的色彩。

③氯化铜固定液处理：淡绿色嫩薄的中药标本，适用此法。

固定液：氯化铜10g，冰醋酸2.5mL，甘油2.5mL，福尔马林5mL，5%乙醇90mL。

处理：将标本加入氯化铜固定液中浸渍3～7d，取出用水漂洗。如浸渍过的标本过于透明，可能是酒精用量较多所致，应适当减少酒精用量。

（2）红色的固定：

①福尔马林-硼酸固定：红色果实标本如枸杞子、颠茄等常用此法。

固定液：福尔马林10mL、硼酸0.8g，加水1 000mL。

处理：将标本置于固定液内浸渍1～3d，一般皮厚标本浸渍时间长些，皮薄的则短些。果实由红色变褐色时，取出洗净，再用2%～3%亚硫酸漂白净化，清水洗净。

②5%硫酸铜固定：绿色标本带有红色果实或花的植株，常用此法。

固定液：硫酸铜50g，加水1 000mL。

处理：将标本放入固定液内浸渍1～2周，待果实由红色变淡褐色时取出洗净，用3%亚硫酸漂白净化，清水洗净。

（3）黄色的固定：黄绿色或黄色的橘类果实和黄色的根茎，常用此法。

固定液：5%硫酸铜溶液。

处理：将标本放入固定液内浸渍1～5d，取出洗净，再用3%亚硫酸液漂白净化，清水洗净。

（4）紫色的固定：紫色素活动性强，不易固定，可试用下列固定液。

固定液：1%～3%甲醛溶液，加3%食盐溶液（或2%硼酸溶液）。

处理：将标本放入固定液，浸渍2～3周后取出清水洗净。

2. 标本上台纸保存　将经颜色固定的标本，取出洗净后置于标本夹内，进行压制。压制后，消毒、上台纸、鉴定等与蜡叶标本的制作程序和方法相同。

3. 标本浸渍保存

①淀粉、糖含量较高的标本，在固定后放入亚硫酸保存液前，可先用清水浸泡1～3d，每天换水1～2次，可洗去部分淀粉、糖分，有利于保存，并节约药液。

②经颜色固定的标本，取出后洗净，视体积大小，分别放入不同规格的标本瓶或标本缸中，加入保存液。

③标本应完全浸没在保存液中，露出液面部分容易发霉变质。标本不宜放得过多，以免受损。

④为便于观看，可将标本用白色尼龙线缚在玻片或棒上。

⑤及时更换保存液。标本色彩固定后，颜色较深，最初保存时有一个退色复原返绿的过程，待标本原色复原后，及时更换浓度较低的亚硫酸保存液。长期保存时，宜用低浓度的保存液，因低浓度保存液对标本组织和色素的影响较小，但容易发霉，可加0.1%～0.2%山梨醇或苯甲酸钠，作为防腐剂。

⑥标本在保存过程中色素、淀粉、糖等内含物会逐渐渗出，使保存液混浊发黄，对色泽有不良影响，应及时更换保存液。

⑦标本保存一段时间后，亚硫酸将会挥发，使其浓度降低，影响保存效果，故密封前最好更换一次保存液。

⑧浸渍标本，应密封置于阴凉处保存，避免阳光照射，以防颜色消退。

4. **封口** 取聚乙烯醇缩丁醛1份，加95%酒精10份，隔水加温至75℃搅拌成液体，装瓶密封备用。用干抹布擦干标本缸及其盖边的水分，用毛笔蘸聚乙烯醇缩丁醛黏合剂涂在瓶盖边，连涂2次，速将盖子盖上，再在瓶口与盖之间涂上一层黏合剂即可。

（四）观察结果

（1）观察颜色固定的效果，比较各种固定法的优缺点。

（2）观察台纸保存和浸渍保存的效果，比较其优缺点。

（五）分析讨论

原色植物标本是指制成的标本，保持植物原有的色彩。植物的叶、花、果的色彩主要是由其细胞液中的花色素糖苷和内含物所决定的。叶的绿色是由于叶绿素分子中央有镁原子占据，镁原子活泼，容易被分离出来，成为植物黑素，使绿色变为褐色。假如将另一种金属原子如铜原子引入植物黑色核心，使其恢复有机金属化合状态，则可获得与叶绿素一样的绿色物质，这种物质不易分解破坏，难溶于水。经过70%酒精及福尔马林溶液处理的植物标本，可长久保持绿色。

根据以上原理，分析讨论各固定液和保存液的道理所在，并研究设计一个固定液处方。

三、常用中药炮制方法

（一）目的

（1）了解炮制的意义。

（2）掌握炒、炙、煨、煅、制霜和水飞等常用炮制方法。

（二）准备

1. **药物** 决明子、薏苡仁、王不留行、山楂、干姜、白术、地榆、鸡内金、大黄、威灵仙、延胡索、磁石、牡蛎、甘草、生姜、泽泻、食盐、诃子、续随子、甘遂、滑石、棕榈、蜂蜜、黄酒、面粉、醋等。

2. **器材**　铁锅、铲、铁丝筛、炉、燃料、笼屉、乳钵等。

（三）方法和步骤

1. **炒**　分清炒和辅料炒两类。

（1）清炒：依炒的火候程度分。

①炒黄：炒决明子，取决明子，用文火炒至微有爆裂声并有香气时，取出放凉；炒薏苡仁，取净薏苡仁，用文火炒至微黄色、微有香气时取出放凉；炒王不留行，取王不留行，文火炒至爆花。

②炒焦：焦山楂，取净山楂，用强火炒至外表焦褐色，内部焦黄色，取出放凉；焦大黄，取大黄片入锅炒，初冒黄烟，后冒绿烟，最后见冒灰蓝烟时急取放凉。

③炒炭：炮姜，取干姜片或丁块，置锅内，炒至发泡，外表焦黑色取出放凉；地榆炭，取地榆片入锅，炒成焦黑为止。

（2）辅料炒：

①麸炒：称取白术500g，麸皮50g，先将锅烧热，撒入麦麸，待冒烟时投入白术片，不断翻动，炒至白术呈黄褐色取出，筛去麦麸。

②沙炒：取筛去粗粒和细粉的中粗河沙，用清水洗净泥土，干燥置锅内加热，加入适量的植物油（为沙量的1%～2%），然后炒取下列药。炮内金，取洁净干燥的鸡内金，分散投入炒至滑利容易翻动的沙中，不断翻动，至发泡卷曲，取出筛去沙放凉。

2. **炙**　与炒相似，但常加液体辅料炮炙。

（1）酒炙（制）：称取大黄片500g，以黄酒50mL喷淋拌匀，稍闷，用文火微炒，至色泽变深时，取出放凉。

（2）醋炙（制）：取净延胡索500g，加醋150mL和适量水，以平药面为宜，用文火共煮至透心、水干时取出，切片晒干，或晒干粉碎。

（3）盐炙：取泽泻片500g，食盐25g化成盐水，喷洒拌匀，闷润，待盐水被吸尽后，用文火炒至微黄色，取出放凉。

（4）姜炙：称取竹茹250g，生姜50g，加水捣成汁，拌匀喷洒在竹茹上，用文火微炒至黄色，取出阴干。

（5）蜜炙：首先炼蜜，将蜂蜜置锅内，加热徐徐沸腾后，改用文火，保持微沸，并除去泡沫及上浮蜡质。然后用箩筛或纱布滤去死蜂和杂质，再倾入锅内，炼至沸腾，起鱼眼泡。用手捻之较生蜜黏性略强，即迅速出锅。然后蜜炙甘草，取甘草片500g，炼蜜150g，加少许开水稀释，拌匀，稍闷，用文火烧炒至老黄色，不粘手时，取出放凉，及时收储。

3. **煨**　常用面裹煨和湿纸裹煨。

（1）面裹煨：取净诃子，用湿面逐个包裹，晒至半干，投入锅内已炒热的细沙中。不断翻动，至面皮焦黑为度，取出。筛去沙子，剥去面皮，轧裂去核。

（2）湿纸裹煨：在煤炉上置一铁丝网，在网上放稻壳，点燃，待无烟、无火焰后，将湿纸包裹的甘遂块，埋于稻壳火灰中，煨至纸呈黑色，药材微黄色为度，取出去纸，放凉。

4. **煅**　常用明煅和扣锅煅。

（1）明煅：取净牡蛎，置炉火上，煅至红透，冷后呈灰白色，碾碎或碾粉。

（2）扣锅煅：取净棕榈，置锅内。其上扣一较小的锅，两锅结合处垫数层纸，并用黄泥封固，锅上压以重物。用武火加热煅透，冷后取出，即为棕榈炭。

5. **煅淬** 取净自然铜，置耐火容器内，于炉中用武火煅至红透，立即倒入醋内，淬酥，反复煅淬至酥脆为度。

6. **制霜** 取净续随子，搓去种皮，碾为泥状，用布包严，置笼屉内蒸热，压榨去油，如此反复操作，至药物不再黏结成饼为度，再碾成粉末即得。少量者，将药碾碎，用粗纸包裹，反复压榨去油。

7. **水飞** 取整滑石，洗净，浸泡后，置乳钵内，加适量清水研磨成糊状，然后加多量清水搅拌，倾出混悬液。下沉的粗粉继续研磨。如此反复多次，直至手捻细腻为止。弃去杂质，将前后倾出的混悬液静置后，倾去上清液，干燥，再研细即得。

四、草乌炮制后的成分变化

（一）目的

通过草乌炮制前后生物碱的薄层分析，了解乌头碱含量变化，说明炮制的作用。

（二）准备

1. **药物** 生草乌、制草乌、乙醚、氨试液、无水乙醇、碱性氧化铝。

2. **器材** 天平、铁研船、分样筛、干燥器、卧式层析缸、具塞三角烧瓶、玻璃蒸发皿、磁坩埚、酒精灯、微量吸管、量筒、玻璃棒、胶布、药匙。

（三）方法和步骤

1. **草乌粗粉的制备** 生草乌和制草乌分别粉碎，过 20 目筛，即为草乌粗粉。

2. **供试液的制备** 称取生草乌和制草乌粗粉各 20g，分别置于 250mL 具三角烧瓶中，加乙醚 100mL 振摇 10min，再加氨试液 10mL，振摇 30min，放置 1～2h，分取乙醚层于玻璃蒸发皿中蒸干，点样前加无水乙醇 2mL，使之溶解，即得供试液。

3. **碱性氧化铝软板的制作** 见本章实验 17。

4. **点样** 用两支微量吸管分别吸取生草乌及制草乌供试液，在距离薄层下端 2.5cm 的一条横线上的两点（两点间的距离为 2cm）轻轻接触吸附剂，每次加样品供试液后，原点扩散直径不超过 2～3mm，如果一次加样，样品量不够，可在溶剂挥发以后重复滴加（每点供试液约 20μL）。

5. **展开** 将点加样品液挥干溶剂后的软板，放入有乙醚展开剂的卧式层析缸中，采用倾斜上行层离法展开，使玻璃板点有样品的一端浸入展开剂 0.5cm 处（切勿使样点浸入展开剂中），加盖密闭展开。当展开至 3/4 高度后，取出玻璃板置于空气中自然干燥。

6. **显色** 在磁坩埚中加适量碘片，于酒精灯上加热，当出现较多碘蒸气时，迅即将坩埚放入干燥器中。

将展开后的挥干软板，平放入有碘蒸气的干燥器中熏蒸显色。

（四）观察结果

将实验结果代入下公式中，求出 R_f 值：

$$R_f=\frac{\text{展开后斑点中心与起始线的距离}}{\text{展开剂前沿与起始线的距离}}$$

根据文献记载，氧化铝软板以乙醚为展开剂，乌头碱的 R_f 值为 0.59，苯甲酰乌头碱的 R_f 值为 0.25，乌头原碱的 R_f 值为 0.02。

（五）分析讨论

比较软板上色点 R_f 值的不同，说明草乌炮制后的变化。

五、中药十八反的动物实验

（一）目的

通过本实验观察反药对动物的影响。

（二）准备

1. **动物**　健康家兔 24 只或山羊 12 只。

2. **药物**　大戟、芫花、甘遂、海藻、甘草、白芷、滑石、牵牛、大黄、续随子、官桂等。上述药物剂量如下：兔口服剂量每味药用 6g，山羊用 15g。

3. **器材**　铝锅、纱布、量筒、开口器、胶管、金属注射器、电炉、体温表、听诊器，粪、尿、血常规检查的试剂和器材等。

（三）方法和步骤

（1）实验动物分组：分为猪膏散加味组、双甘散组、俱战草方组和对照组。每组用兔 6 只或山羊 3 只。

（2）实验前检查：称体重，测体温、呼吸、脉搏（心率），观察精神、食欲、二便、山羊反刍情况，听诊瘤胃蠕动波长持续时间和蠕动次数，结合实验前实验后比较山羊口色、脉象的变化。

（3）分别给每组动物投服中药煎剂，24h 后观察实验结果。

（4）投药后观察 3～7d，将动物处死，做病理解剖，观察心、肝、肾、膀胱等的病理变化以及山羊瓣胃内容物的变化。

（四）观察结果

每组将观察记录表格汇总（表 4-1、表 4-2、表 4-3），各组之间的结果，统一供全班使用。教师指定必要的参考文献，指导同学写出实验报告。

[注]

（1）猪膏散（《元亨疗马集》）加味方：滑石、牵牛子、甘草、大黄、官桂、甘遂、大戟、续随子、芫花、白芷、海藻（包括俱战草方和双甘散两个方）。

（2）俱战草方（兽医方）：大戟、芫花、甘遂、海藻、甘草。

（3）双甘散（人医方）：甘遂、甘草。

表4-1 中药十八反实验临床观察（一）

组别	畜别	性别	时间	体温	呼吸	脉搏	精神	食欲	二便
猪膏散加味	兔		投药前						
			投药后1d						
			投药后7d						
	山羊		投药前						
			投药后1d						
			投药后7d						
双甘散	兔		投药前						
			投药后1d						
			投药后7d						
	羊		投药前						
			投药后1d						
			投药后7d						
俱战草方	兔		投药前						
			投药后1d						
			投药后7d						
	羊		投药前						
			投药后1d						
			投药后7d						
对照	兔		投药前						
			投药后1d						
			投药后7d						
	羊		投药前						
			投药后1d						
			投药后7d						

表 4-2　中药十八反实验临床观察（二）

组别	畜别	时间	投药量	投药方法	口色	脉象	瘤胃蠕动（次/2min）	蠕动波（s）	嚼咀（次/口）	病理解剖
猪膏散加味	兔	投药前								
		投药后 1d								
		投药后 7d								
	羊	投药前								
		投药后 1d								
		投药后 7d								
双甘散	兔	投药前								
		投药后 1d								
		投药后 7d								
	羊	投药前								
		投药后 1d								
		投药后 7d								
俱战草方	兔	投药前								
		投药后 1d								
		投药后 7d								
	羊	投药前								
		投药后 1d								
		投药后 7d								
对照	兔	投药前								
		投药后 1d								
		投药后 7d								
	羊	投药前								
		投药后 1d								
		投药后 7d								

表 4-3　中药十八反实验临床检验结果

组别	畜别	时间	粪隐血	尿蛋白	血红蛋白	血　沉	红细胞压积	备注
猪膏散加味	兔	投药前						
		投药后 1d						
		投药后 7d						
	羊	投药前						
		投药后 1d						
		投药后 7d						

（续）

组别	畜别	时间	粪隐血	尿蛋白	血红蛋白	血　沉	红细胞压积	备注
双甘散	兔	投药前						
		投药后 1d						
		投药后 7d						
	羊	投药前						
		投药后 1d						
		投药后 7d						
俱战草方	兔	投药前						
		投药后 1d						
		投药后 7d						
	羊	投药前						
		投药后 1d						
		投药后 7d						
对照	兔	投药前						
		投药后 1d						
		投药后 7d						
	羊	投药前						
		投药后 1d						
		投药后 7d						

（五）分析讨论

根据实验结果，参考有关文献，做出恰当的结论。

六、中药十九畏的动物实验

（一）目的

通过本实验观察相畏药物的不同配伍对家兔的毒副作用。

（二）准备

1. **动物**　健康兔 18 只。

2. **药物**　硫黄、朴硝、牙硝、三棱、巴豆、牵牛子、丁香、郁金、人参（或党参代替）、五灵脂、官桂、赤石脂。上述药物实验用量如下：牵牛、丁香、郁金、三棱、人参（党参剂量加倍）、五灵脂、官桂、赤石脂等 8 味药口服 10g。其他 4 味药，朴硝、芒硝用 20g，巴豆、硫黄为 5g。

3. **器材**　体温表、听诊器，粪、尿、血常规检查的有关试剂和器材，压积管、电泳仪、分光光度计等。

（三）方法和步骤

1. **实验分组**　共分6组，每组3种配伍。

①巴豆、牵牛、巴豆＋牵牛

②硫黄、朴硝、硫黄＋朴硝

③牙硝、三棱、牙硝＋三棱

④丁香、郁金、丁香＋郁金

⑤人参、五灵脂、人参＋五灵脂

⑥官桂、赤石脂、官桂＋赤石脂

2. **实验前实验后对照**　观测项目共9个，体温、呼吸、脉搏、粪隐血、尿蛋白、血红蛋白、血沉、红细胞压积、血清蛋白区带含量变化，实验前、实验后24h、第7天连测3次，结合观察临床，7d后处死，做病理解剖。

（四）观察结果

将实验结果记录于表4－4、表4－5中。

表4－4　中药十九畏对兔生理指标的影响

组别	配伍		体温		呼吸		脉搏		血红蛋白		红细胞压积		血沉	
	试前	试后	试前	试后	试前	试后	试前	试后	试前	试后	试前	试后	试前	试后
1														
2														
3														
4														
5														
6														

表4－5　中药十九畏对兔血清蛋白的影响

组别	配伍情况	清蛋白		球蛋白							
				α_1		α_2		β		γ	
		试前	试后	试前	试后	试前	试后	试前	试后	试前	试后
1											
2											
3											
4											
5											
6											

（五）分析讨论

将上述实验结果进行整理，结合有关文献，进行讨论分析，得出恰当的结论。

七、接骨膏的制备

（一）目的

掌握以黄丹为基质的接骨膏的制备方法。

（二）准备

1. **药物**　麻油0.5kg，黄丹200g，当归、川芎、栀子、刘寄奴、秦艽、杜仲、透骨草、木香、煅自然铜、补骨脂、儿茶各20g，乳香、没药、川牛膝各15g，紫草、骨碎补、血竭各30g。

2. **器材**　火炉、铁锅、铅丝勺、面盆、玻璃棒。

（三）方法和步骤

1. **炸料**　先将粗料碾碎（乳香、没药和血竭除外）置锅内，加入植物油浸泡，在不超过240℃下炸至药枯。炸料开始时，火力可稍大，待油沸腾后再适当减小火力，以防油溢出锅外。加热中应经常搅拌翻动，使药料受热均匀，直至熬枯（药料外部焦褐而内里深黄）为止。然后用铅丝勺捞去药渣，并用细筛过滤。

2. **炼油**　将分离药渣后的药油，继续在锅内加热熬炼至嫩老适度为止。其目的是使油在高温条件下氧化、聚合、增稠，以适合制膏要求。

炼油操作是制备膏药的关键。炼油的程度通常从油烟、油花的变化做出初步判断，然后再做“滴水成珠”的检查。这三方面的判断标准是：

（1）油烟：炼油开始油烟为青色，随着继续加热，逐渐转黑而浓，进而变为白色浓烟（扬油时更明显），当看到白色浓烟时，表明炼油已接近完成，可适当减小火力，及时做滴水成珠的检查。

（2）油花：炼油开始沸腾时，油花多在锅壁附近，待油花向锅中央聚集时，表明炼油已接近完成。

（3）滴水成珠：用玻璃棒蘸药油少许滴于冷水中，如油珠扩散则证明“过嫩”，需继续加热；如油滴聚在水面不散开，说明炼油已经完成。

3. **下丹**　炼油完成以后，加入研为细末的乳香、没药和血竭。将油锅端离火源，趁热加入黄丹，黄丹应均匀撒布，并不停用玻璃棒（竹木小棒也可）顺着一个方向搅拌，以防丹沉聚锅底，使油丹充分化合。黄丹加完后，应随时检查老嫩。其检查方法是取反应物少许滴入水中，数分钟后取出，以不粘手、撕能成丝且能折断者为老嫩适度。

4. **去火毒**　下丹成膏后，待膏药稍冷时以细流倾入盛有较多量冷水的盆中，并用木棍搅动，使膏药随水旋成带状以去“火毒”。待膏药冷却凝结，即可取出反复捏压（手应先浸水，以防膏药粘手难以洗脱）。去净内部水分，制成团块即可。

（四）观察结果

重点观察颜色、熔化温度和膏药的黏着力。

（五）分析讨论

（1）黑膏药制备的关键工艺是什么？
（2）分析油丹化合后，其生成物的主要化学成分。

八、膜剂、栓剂、颗粒剂与片剂的制作

（一）目的

掌握膜剂、栓剂、颗粒剂、片剂的制备工艺。
膜剂是一种新剂型，它是将药物溶解或均匀分散在成膜材料配成的溶液中，制成薄膜状的药物制剂。
栓剂是将药物与基质混合制成供塞入机体不同腔道的一种固体剂型。
颗粒剂是一种新剂型，它是将药物的细粉或提取物制成干燥的颗粒状制剂。
片剂是将药物的细粉或提取物与赋形剂混合制成干燥的片状剂型。

（二）准备

1. 药物

（1）膜剂：金银花100g、黄芩100g、连翘200g、聚乙烯醇（PVA）15g、甘油2g、乙醇适量。
（2）栓剂：金银花、黄芩、连翘与膜剂用量相同，吐温-80 5mL，聚乙二醇（分子质量600u）70mL，聚乙二醇（分子质量60 000u）25g，乙醇适量。
（3）颗粒剂：制马钱子、延胡索干浸膏、丹参、当归、川芎、煅自然铜、血竭、三七各适量。
（4）片剂：盐酸小檗碱500g，淀粉450g，蔗糖450g，乙醇（45%）250～300mL，硬脂酸镁14g。

2. 器材

（1）膜剂：蒸锅、玻璃板1块、玻璃棒1个、胶皮圈（0.1mm厚）2个。
（2）栓剂：水浴锅、栓剂模型。
（3）颗粒剂：电炉、粉碎机、真空泵、粉碎机、药筛、三角烧瓶、冷凝管、抽滤瓶、比重瓶、温度计。
（4）片剂：药筛、压片机。

（三）方法和步骤

1. 膜剂

（1）先将金银花、黄芩、连翘加水适量制成溶液130mL。
（2）取聚乙烯醇15g，事先用80%乙醇浸泡24～48h，用前用蒸馏水将乙醇洗净，置于容器内，加上述溶液 100mL，在水浴上加热至完全膨胀溶解，最后加甘油 1g，待冷至适当稠度，分次放于玻璃板上，继用两端套有胶圈的玻璃棒向前推进溶液，制成薄膜，放于烘箱内烘干（60℃以下），然后于紫外灯下照射 30min 灭菌，封装备用。注意制膜温度不宜低于 35℃，温度低易凝结。

2. 栓剂

（1）按上述量分别称取金银花、黄芩、连翘、吐温-80，水适量，制成溶液 130mL。

（2）取一容器将聚乙二醇在水浴上溶化，继而将上述溶液加入聚乙二醇液中，搅拌均匀，适当降温，倒入栓剂模型中，冷却即得。

3. 颗粒剂

（1）配料，按处方将上药炮制合格，称量配齐。将制马钱子、延胡索干浸膏、血竭、三七 4 味药单放。

（2）将延胡索干浸膏、血竭、三七 3 味药混合在一起，共轧为细粉，过 100 目筛。再将制马钱子单独轧为细粉，过 100 目筛。然后将制马钱子粉用递加混合法与其他 3 味药粉混合均匀。

（3）取红花、当归、川芎、丹参、自然铜共同粉碎成粗粉。采用闭路式水循环提取法煎煮 2 次。第 1 次加水 8 倍量，冷浸 30min 后煮沸 2h；第 2 次加水 6 倍量，煎煮 1.5h，滤取药液，把 2 次药液合并，再用高速离心机 4 500r/min 离心 10min，取上清液，经减压低温（70℃左右）呈稠膏状（50℃测相对密度为 1.20）。

（4）混合，取马钱子等 4 味药混合后与浓缩稠膏搅匀，分成小块，采用真空干燥。

（5）制粒，取上项干燥小块，用打粒机制成均匀颗粒，分装备用。

4. 片剂　取盐酸小檗碱、淀粉及蔗糖混合后以 60 目筛过筛 2 次，加 45%乙醇湿润混拌，制成软材，先通过 12 目筛 2 次，再通过 16 目筛制粒，在 60～70℃干燥。干粒再通过 16 目筛，继之加入干淀粉 5%（崩解剂）与硬脂酸镁充分混合后压片，即得盐酸黄连素片。

（四）观察结果

1. 膜剂　掌握制膜厚度，制成的膜剂厚约 0.1mm。

2. 栓剂　制成的栓剂应有一定的硬度和韧性，引入体腔后经一定时间能液化，且液化时间越快越好，以聚乙二醇为基质的栓剂液化时间为 30～40min。

3. 颗粒剂　制成的颗粒色泽一致、均匀，全部能通过 10 目筛，通过 20 目筛小颗粒不得超过 20%。

4. 片剂　应具有一定硬度。

（五）分析讨论

讨论总结中药膜剂、栓剂、颗粒剂、片剂的制作技术要点。

九、中药蜜丸剂的制备

（一）目的

（1）了解蜜丸对原料和辅料的处理要求。

（2）掌握蜜丸的制备方法和操作要领。

（二）准备

1. **药物**　熟地、山萸肉、丹皮、山药、茯苓、泽泻、蜂蜜。
2. **器械**　粉碎机、7号药筛、加热锅。

（三）方法和步骤

蜜丸的制备，重点介绍六味地黄丸的制备过程。

1. **原料的准备**　取熟地160g，山萸肉80g，山药80g，丹皮60g，茯苓60g，泽泻60g，以上中药用粉碎机粉碎成细粉，过7号筛，混匀后备用。

2. **辅料的制备**　取蜂蜜置锅中加热煮沸，蒸发除去部分水分，待温度达到105～115℃时，过滤除去死蜂及沫，即得嫩蜜。嫩蜜含水量在17%～20%，相对密度为1.35左右，色泽无明显变化。

3. **蜜丸的制作**　每100g药粉用嫩蜜80～110g，混匀后制丸块，搓丸条，制丸粒，每丸重9g，即得。

（四）分析讨论

（1）制备蜜丸时，一般性药粉、燥性药粉、黏性药粉其用蜜量、炼蜜程度和用蜜温度应怎样掌握？

（2）丸剂的常规质量检查都有哪些？

十、双黄连注射液的制备

（一）目的

（1）通过双黄连注射液的配制，掌握中药注射剂的制备过程及其操作注意事项。

（2）熟悉中药注射液的常规质量要求及其检查方法。

（二）准备

1. **药物**　金银花、黄芩、连翘、吐温-80、注射用水。
2. **器械**　中药提取分离装置。

（三）方法和步骤

以双黄连为例说明中药注射剂的制备过程。其中双黄连处方的组成为：金银花1 000g，黄芩1 000g，连翘2 000g，吐温-80 10mL，注射用水加至4 000mL。

（1）取连翘、黄芩加入8倍量注射用水，加热煮30min，再将金银花加入煮30min，过滤，药渣加6倍量注射用水煮40～50min，过滤，两次滤液合并浓缩至1 000mL。

（2）浓缩液加乙醇处理两次，第1次使醇含量达70%，第2次使醇含量达80%，双层滤纸抽滤，滤液回收乙醇。

（3）用1%氢氧化钠调pH至7～7.5。加活性炭煮沸过滤，分装于盐水瓶中，放消毒锅内热处理一次，冷却后备用。

(4) 分装时加注射用水至 1g/mL，调 pH 至 6.5～7，加吐温-80，灌封于 20mL 安瓿中，于 115℃灭菌 30min。

(5) 双黄连注射剂的质量标准：

①鉴别：a. 取本品 1mL，加三氯化铁试剂 2 滴，产生蓝绿色沉淀。b. 取本品 2mL，加斐林试液 2mL，置水浴上加热，产生红棕色沉淀。

②检查：pH 6.5～7，溶血试验、热原检查及过敏试验应符合药典标准。

(四) 分析讨论

(1) 水醇法制备中药注射剂的依据是什么？还有哪些制备方法？各适用范围如何？

(2) 中药注射剂制备中每步操作的目的是什么？有哪些注意事项？

十一、复方当归注射液的制备

(一) 目的

通过复方当归注射液的制备，掌握中草药注射剂的生产流程。

(二) 准备

1. **药物**　当归、川芎、红花、吐温-80、注射用水、酒精、盐酸、氢氧化钠、活性炭、汽油、曙红（伊红）溶液。

2. **器材**　电炉、冰箱、手提式消毒器、搪瓷面盆、铝锅、烧杯、量筒、药物天平、玻璃棒、垂熔玻璃漏斗、滤球漏斗、布氏漏斗、抽滤瓶、贮液瓶、抽气泵、安瓿（5mL）、安瓿切割器、酒精喷灯、喷射式安瓿洗涤器、烘箱、铝盘、安瓿灌注器、双焰熔封灯、脚踏皮老虎、安瓿固定木槽、伞棚式安瓿检查灯、镊子、印泥、蜡纸、铁笔、钢板。

(三) 方法和步骤

中药注射剂的工艺流程见图 4-1。安瓿的质量检查和处理本处略。

1. 复方当归注射液的配制

(1) 配方：当归 250g，川芎 250g，红花 250g，吐温-80 10mL，注射用水适量，制成 1 000mL。

(2) 制法：

①浸出：取当归、川芎加蒸馏水 1 000mL，加热，回流 1～2h 后，蒸馏，收集蒸馏液约 500mL，加入 0.5%～1%吐温，严封，100℃湿热灭菌 30min 后备用。药渣用水煎煮 2 次，每次 30min，过滤，合并滤液浓缩至 500mL。

另取红花加水煎煮 3 次，每次 20～30min，过滤，合并滤液浓缩至 250mL。

②醇处理：取当归、川芎水煎浓缩液与红花水煎浓缩液分别用乙醇处理，第 1 次使醇含量达 60%～70%，第 2 次使醇含量达 80%～85%，搅匀，静置 40h 以上，滤除杂质，回收乙醇，分别浓缩至每毫升相当于原生药 5g。

③水处理：当归、川芎浓缩液与红花浓缩液分别加蒸馏水 380mL 与 180mL 搅匀，冷藏

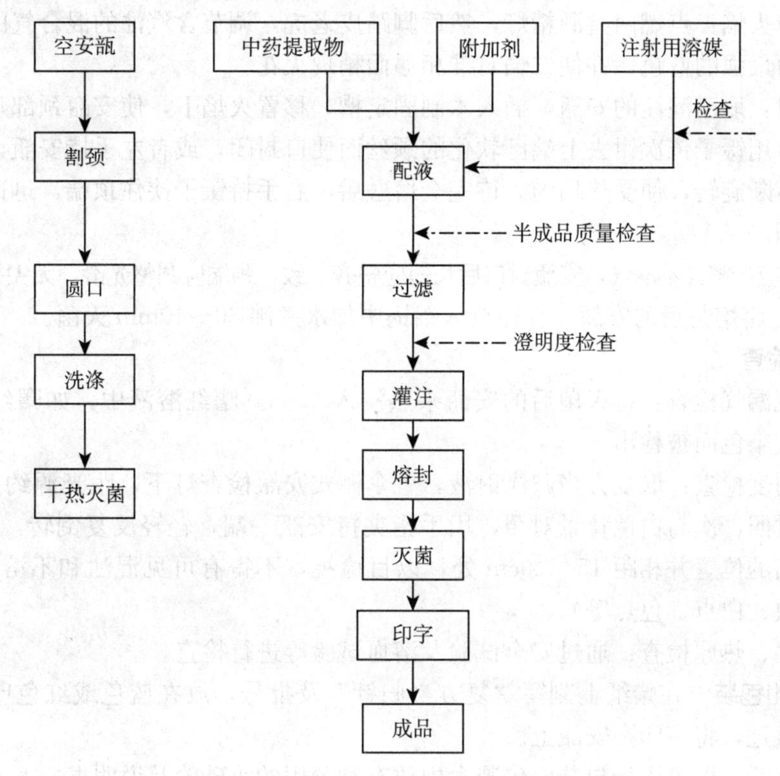

图 4－1　中药注射剂的工艺流程

24h，分别过滤后合并，混匀，加注射用水 750mL，冷藏 24h 后过滤，再浓缩至 450mL。必要时可加针用活性炭处理。

④配液：取上述水处理后的浓缩液与当归、川芎蒸馏液 500mL 合并，混匀，调整 pH 至 7 左右时，加注射用水至 1 000mL。

（3）过滤：将上述配制成的药液用滤纸过滤至贮液瓶中，再经垂熔玻璃滤球 4 号或 5 号过滤，药液经澄明度检查合格后，即可进行灌注（不合格者应再回滤）。

（4）灌注：用安瓿灌注器灌注。

①调节灌注容量：首先调节容积调节螺丝，使玻璃注射器的容积约为 5.1mL，然后试灌若干支安瓿，检查装量是否合格，不合格者再适当调节容积调节螺丝。（根据《中华人民共和国药典》的规定，安瓿装量为 2～10mL 者取样 3 支，开启时注意避免损失，将内容物分别用干燥的注射器抽尽，随即注入干燥的量筒中，在室温下检视，每支注射液的装量均不得少于其标示量。如有 1 支的装量少于标示量，应再按上述规定，取样测定，测定结果应全部符合规定。）

②灌注：将灌注针头插入安瓿颈正中，注意不要使灌注针头与安瓿颈内壁相撞，以防玻璃屑落入安瓿中，然后抽吸药液至标示号，再缓慢地注入安瓿中（勿使药液溅起在安瓿壁上）。往安瓿注药后，应立即回药，以防针头还带有药液水珠。灌注时，注意压药与针头打药应很好配合，不要针头刚进瓶口就给药或针头临出瓶口时才给完药。

2. 熔封　已灌注好的安瓿应立即熔封，使药液与外界隔离，避免污染。小量生产多采用双焰熔封灯进行熔封。

（1）调节火焰：点燃两盏酒精灯，然后脚踏皮老虎，调节含汽油的混合气的供气量。将火焰调至火力最强的蓝色，并使二焰对准相遇而稍现火花。

（2）熔封：取已灌注的安瓿，插入木制固定槽，移置火焰下，使安瓿颈部从二焰交叉点通过。熔融后用镊子依次钳去上端已软化的颈丝而使口封闭，或者左手持安瓿，使颈部置火焰尖端，并不断旋转，使受热均匀。待完全熔融后，右手持镊子挟住顶端，迅速拉断，然后再将断端烧圆。

安瓿熔封应严密，不漏气，安瓿封口后长短应整齐一致，颈端应圆整光滑，无尖头及小气泡。

3. **灭菌**　将熔封后的安瓿，立即放入铝锅中加水煮沸 30～40min 灭菌。

4. **质量检查**

（1）安瓿漏气检查：将灭菌后的安瓿乘热浸入 0.05%曙红溶液中，如曙红溶液由孔隙进入，使药液染色而被检出。

（2）澄明度检查：取复方当归注射液，置伞棚式安瓿检查灯下，距光源约 20cm 处，先与黑色背景对照，次与白色背景对照，用手指夹持安瓿一端，轻轻反复倒转，使药液流动。在与安瓿同高的位置并相距 15～20cm 处，以目检视，不得有可见混浊和不溶物（如纤维、玻璃屑、白块、白点、色点等）。

（3）无菌、热原检查：通过安全试验及溶血试验等进行检查。

5. **印字和包装**　在蜡纸上刻写“复方当归针”及批号，放在蓝色或红色印泥上，将安瓿从蜡纸上滚过，将字印在安瓿上。

安瓿印字后，即可进行包装，包装盒内放有割颈用的小砂轮及说明书。

（四）观察结果

按质量要求，检查试制的复方当归注射液是否合格。

（五）分析讨论

中药注射剂制作流程的关键点有哪些？

十二、黄芩苷的提取

（一）目的

（1）通过黄芩苷的提取，了解常用的中药提取方法。

（2）掌握黄芩中提取黄芩苷的工艺。

（二）准备

1. **药物**　黄芩、乙醇、氢氧化钠、浓盐酸。

2. **器械**　中药提取分离装置。

（三）方法和步骤

1. **常用的提取方法**

（1）煎煮法：用水作为溶剂，将药材加热煮沸一定的时间，以提取其所含成分的一种方法。

（2）浸渍法：用定量的溶剂，在一定的温度下，将药材浸泡一定的时间，以提取药材成分的一种方法。

（3）渗滤法：将药材粗粉置渗滤器内，溶剂连续地从渗滤器的上部加入，渗滤液不断从下部流出，从而提取药材中有效成分的一种方法。

（4）回流法：用乙醇等易挥发的有机溶剂提取药材成分，将浸出液加热蒸馏，其中挥发性溶剂溜出后又被冷凝，重复流回浸出器中浸提药材，这样周而复始，直至有效成分回流提取完全的方法。

（5）水蒸气蒸馏法：根据道尔顿定律，相互不溶也不起化学作用的液体混合物的蒸气总压，等于该温度下各组分饱和蒸气压（即分压）之和。因此，尽管各组分本身的沸点高于混合液的沸点，但当分压总和等于大气压时，液体混合物即开始沸腾并被蒸馏出来。

2. 黄芩中提取黄芩苷的工艺

（1）取黄芩生饮片 200g，加水 1 600mL，煎煮 1h，两层纱布过滤，药渣再加水 1 200mL，煎煮 0.5 h，同法过滤。

（2）合并滤液，滴加浓盐酸，酸化至 pH 为 1～2，80℃保温 0.5 h，使黄芩苷沉淀析出。

（3）弃去上清液，沉淀物抽滤，取滤饼加入 10 倍量水，使之呈混悬液，用 40%氢氧化钠溶液调 pH 至 7，混悬物溶解，加入等量乙醇，滤去杂质，滤液加浓盐酸调 pH 至 1～2，加热至 80℃，保温 0.5 h。

（4）黄芩苷析出后，过滤，沉淀物以少量 50%乙醇洗涤后，再以 5 倍量乙醇洗涤，干燥后即为黄芩苷粗品。

（四）分析讨论

（1）各种提取方法各有哪些优缺点？

（2）黄芩苷提取中应该注意哪些问题？

十三、黄芩苷的分离

（一）目的

（1）通过黄芩苷的分离，了解常用的分离方法。

（2）掌握聚酰胺薄层层析分离鉴定黄芩苷的方法。

（二）准备

1. 药物　黄芩苷粗品、聚酰胺薄膜、醋酸。

2. 器械　中药提取分离装置。

（三）方法和步骤

1. 常用的分离方法

（1）水提醇沉淀法与醇提水沉淀法：水提醇沉淀法是先以水为溶剂提取药材有效成分，

再以不同浓度的乙醇沉淀去除提取液中杂质的方法；醇提水沉淀法是先以适宜浓度的乙醇提取药材成分，再用水除去提取液中杂质的方法。

（2）透析法：利用小分子物质在溶液中可通过半透膜，而大分子物质不能通过的性质，借以达到分离目的的一种方法。

（3）盐析法：在含蛋白质等高分子物质的溶液中加入大量的无机盐，使其溶解度降低，沉淀析出，而与其他成分分离的一种方法。

（4）萃取法：利用混合物中的不同成分，在两种互不相溶的溶剂中分配系数不同而达到分离有效成分的一种方法。

（5）酸碱法：利用中药成分在水中的溶解性与酸碱度有关的性质，在溶液中加入适量酸或碱，调节 pH 至一定范围，使这些成分溶解或析出，以达到提取分离的方法。

（6）层析法：又叫色层分析法，是分离复杂混合物的物理方法。主要是利用混合物中各成分的理化性质的差别，使各成分以不同程度分布在两个不相混溶的相中。主要包括薄层层析、吸附层析、分配层析、离子交换层析、凝胶层析等。

2. 聚酰胺薄层层析分离鉴定黄芩苷

（1）样品编号：A：黄芩苷标准品低浓度；B：黄芩苷标准品高浓度；C：提取黄芩苷粗品低浓度；D：提取黄芩苷粗品高浓度。

黄芩苷 R_f 值为 0.4，黄芩中其他成分 R_f 值为 0.48。

（2）做一个 5cm×7cm 的聚酰胺薄膜，距下沿 0.5～1cm 处划线。分别将 A、B、C、D 四个样品按一定距离点丁线上，吹干。

（3）用 36%醋酸展开至展开剂前沿，取出吹干。

（4）紫外灯下观察斑点位置。

（四）分析讨论

（1）各种分离方法都有哪些优缺点？

（2）聚酰胺薄层层析法的原理是什么？

十四、槐米中芦丁的提取

（一）目的

通过槐米中芦丁的提取，学习中药黄酮类成分的提取方法。

（二）准备

1. 药品　槐花米 20g；石灰乳：熟石灰 20g，加 300mL 水，搅拌，静置，取上清液待用。

2. 器械　1 000mL 烧杯 1 个，500mL 烧杯 3 个，500W 电炉 1 个，广泛 pH 试纸 1 盒，温热熨斗 1 个，9cm、15cm 滤纸各 1 盒，玻璃棒 2 根，酒精灯 1 个，布氏漏斗 1 个，抽滤瓶 1 个，电烘箱等。

（三）方法和步骤

槐米中芦丁的提取方法见图 4-2。

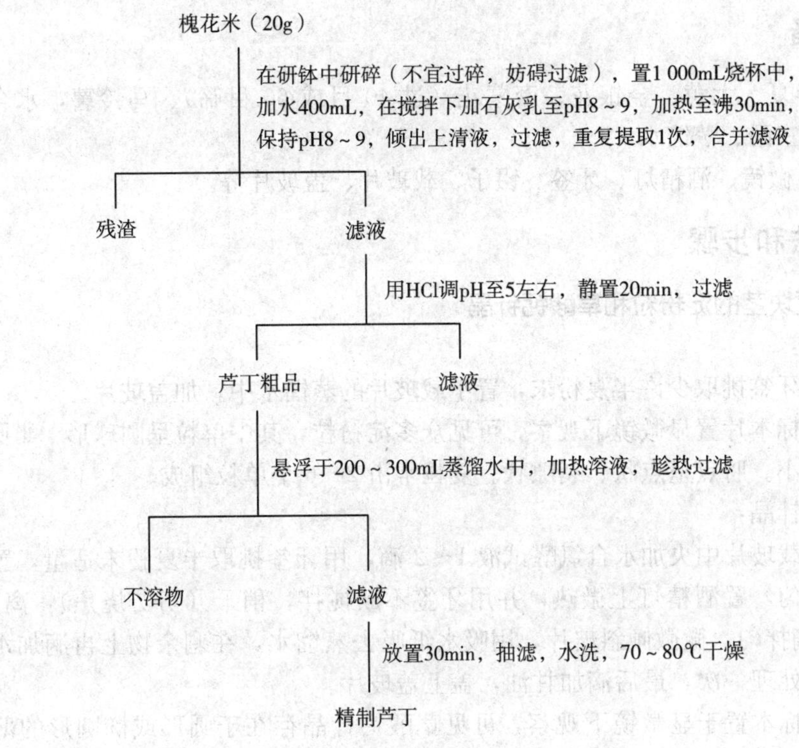

图 4-2　槐米中芦丁的提取流程图

操作说明：

（1）采用碱提取、酸沉淀的方法，是因为芦丁结构中有多个酚羟基，呈一定的酸性，可溶于碱性溶液中，碱性溶液酸化后即可析出芦丁的粗品。

（2）精制操作是利用芦丁在冷水中不溶（1：10 000）、在热水中微溶（1：200）的溶解度差进行的，该精制方法可获得较纯的晶形（微细针晶）成品。

（四）观察结果

计算所得精制芦丁的提取百分率。

$$精制芦丁的提取百分率=\frac{精制芦丁干燥质量（g）}{槐米花质量（g）}\times 100\%$$

（五）分析讨论

根据实验过程，分析并讨论如何提高精制芦丁的提取百分率。

十五、中药粉末的显微鉴别

（一）目的

了解中药粉末显微鉴别的技术，掌握淀粉粒、草酸钙结晶、花粉粒的显微特征，熟悉粉末装片的方法。

（二）准备

1. **药品**　半夏、大黄、金银花、密蒙花（过 40 目或 60 目筛）、马铃薯，水合氯醛溶液、稀碘液、苯三酚、蒸馏水。

2. **器械**　显微镜、酒精灯、牙签、镊子、载玻片、盖玻片等。

（三）方法和步骤

1. 观察半夏块茎的淀粉粒和草酸钙针晶

（1）淀粉粒：

①制片：用牙签挑取少许半夏粉末，置于载玻片的蒸馏水中，加盖玻片。

②观察：将标本片置显微镜下观察，可见众多淀粉粒，其中单粒呈圆球形、半圆形、直多角形，通常较小。脐点呈点状、裂隙状。复粒常由 2～6 个单粒组成。

（2）草酸钙针晶：

①制片：在载玻片中央加水合氯醛试液 1～2 滴，用牙签挑取半夏粉末适量，置于水合氯醛液滴中，拌匀，置酒精灯上微热，并用牙签不断搅拌，稍干（切勿烧焦），离火微冷，加蒸馏水 1～2 滴拌匀，微微倾斜玻片，用吸水纸吸去蒸馏水，在剩余物上再滴加水合氯醛试液，如上法再处理一次，最后滴加甘油，盖上盖玻片。

②观察：将标本置于显微镜下观察，可见草酸钙针晶存在于圆形或椭圆形的薄壁细胞中，成束或散在，有的已从破碎的细胞中散出，有的已经折断。半夏的针晶束常呈浅黄色或深灰色，散在的针晶则无色透明，有较强的折光性。

2. 观察大黄的草酸钙簇晶

（1）制片：在载玻片中央加水合氯醛试液 1～2 滴，用牙签挑取大黄粉末适量，置于水合氯醛液滴中，拌匀，微微倾斜玻片，用吸水纸吸去蒸馏水，在剩余物上再滴加水合氯醛试液，如上法再处理一次，最后滴加甘油，盖上盖玻片。

（2）观察：镜下观察，见草酸钙簇晶大小不等，直径 21～135μm，棱角大多短钝，簇晶形状呈不规则矩圆形或类长方形。

3. 观察金银花的花粉粒

（1）制片：在载玻片中央加水合氯醛试液 1～2 滴，用牙签挑取金银花粉末适量，置于水合氯醛液滴中，拌匀，微微倾斜玻片，用吸水纸吸去蒸馏水，在剩余物上再滴加水合氯醛试液，如上法再处理一次，最后滴加甘油，盖上盖玻片。

（2）观察：金银花花粉粒黄色，类圆形或圆三角形，直径 60～92μm，外壁表面有细密短刺及圆形细颗粒状雕纹，具有 3 个萌发孔。

4. 观察密蒙花的星状毛

（1）制片：同金银花。

（2）观察：星状毛多断碎。完整者体部两个细胞，每细胞两个分叉，分叉几乎等长或长短不一，尖端稍呈钩状。毛直径 12～31μm，长 50～424μm，形如星光放射，故名。

5. 观察马铃薯块茎的淀粉粒

（1）操作：切取马铃薯一小块，用刀片刮取少许混浊液，置于载玻片上，或用马铃薯直接涂片，加蒸馏水一滴，盖上载玻片。

（2）观察：将标本片置于显微镜下观察，可见马铃薯淀粉粒多数为单粒，少数微复粒，个别微半复粒。单粒多呈大小不等的卵圆形颗粒，较小的单粒则呈圆形。单粒有一个明亮的脐点，脐点常偏离较小的一段，并有明暗交替的层纹所环绕。复粒由两个或几个单粒组成，即有两个或多个脐点，脐点周围只有自已的层纹而无共同的层纹。单粒与复粒的区别是每个脐点，除有自己的层次外，还有共同的层次。

淀粉粒观察清楚后，加稀碘液一滴，可见淀粉粒被染成蓝色。

（四）观察结果

绘出马铃薯的单淀粉粒和复淀粉粒、半夏的草酸钙针晶、大黄的簇晶、金银花的花粉粒以及密蒙花星状毛结构简图。

（五）分析讨论

中药粉末的显微鉴别过程中，应注意哪些问题？

十六、中药化学成分预试

（一）目的

中药的化学成分比较复杂，先通过简单的试验，初步了解其中所含成分的情况，可为选用适宜的提取和分离有效成分的方法提供依据。通过试验掌握常用的试管预试法和圆形滤纸层析预试法的操作方法。

（二）准备

1. 试剂及药物　95%乙醇、盐酸、乙醚、对硝基苯胺、亚硝酸钠、碱式硝酸铋、碘化钾、硫酸铜、酒石酸钾、氢氧化钾、氯化钠、白明胶、3,5-二硝基苯甲酸、苦味酸、三氯化铁、碳酸钠、氢氧化铵、硫酸、茚三酮、α-萘酚、镁粉、硼酸、丙酮、枸橼酸、氢氧化钾、氯仿、硫酸钠、冰醋酸、盐酸羟胺、铁氰化钾、甲基红、甲基橙、石蕊、磷钼酸、三氯化铝、醋酸酐。

2. 器材　20 目筛、水浴锅、试管、管塞、漏斗、量筒、量杯、吸管、滴管、培养皿、剪刀、试剂瓶、洗瓶、圆底烧瓶、直形冷凝管、电炉、酒精灯、薄层喷雾器、紫外荧光灯、电吹风、脚踏皮老虎、电动离心器、台秤。

（三）方法和步骤

1. 试管预试法

（1）样品的制备：

①酸性乙醇提取液：称取通过 20 目筛的中药粉末 10g，加入 70mL 0.5%盐酸乙醇溶液，在水浴上回流 10min，趁热过滤，滤液供检查酚性成分、有机酸和生物碱等。

②水提取液：称取通过 20 目筛的中药粉末 10g，加入 100mL 水，在室温浸泡过夜，供检查氨基酸、多肽和蛋白质等。剩余药渣及浸液在 60℃水浴上回流 10min，趁热过滤，热滤液供检查糖、多糖、皂苷、苷类和鞣质等。

③甲醇提取液：称取通过 20 目筛的中药粉末 10g，加入 70mL 甲醇，在水浴上回流 10min，趁热过滤，滤液供检查黄酮及其苷类、蒽醌及其苷类、强心苷、香豆精及其苷类、内酯、酯类、挥发油、植物甾醇和油脂等。

④含植物色素、树脂较多的中药，为了避免颜色反应的干扰，可先加入 100mL 乙醚，在水浴上回流 10min。过滤，滤液用圆形纸层析预试法检查内脂、酯类成分、游离香豆精、游离黄酮、游离蒽醌和挥发油等。经乙醚处理后的药渣再按甲醇提取法，其提取液供检查黄酮苷、强心苷、香豆精苷等。

（2）试剂的配制：

①重氮化试剂：取对硝基苯胺 0.35g 溶于 5mL 浓盐酸，再缓缓倒入蒸馏水中稀释至 50mL。另取亚硝酸钠 5g 溶于 70mL 蒸馏水中。用前将两液等量混合置于冰水中备用。

②碘化铋钾试剂（Dragendorff 试剂）：取碱式硝酸铋 8g，溶于 17mL 30%硝酸（相对密度 1.18）中，搅拌，慢慢滴入含有碘化钾 27.2g 的 20mL 水溶液中。静置一夜，取上清液，加水稀释至 100mL。

③碱性酒石酸铜试剂（Fehling 试剂）：取硫酸铜结晶 6.93g，溶于 100mL 水中。另取酒石酸钾结晶 34.6g，氢氧化钾 10g 溶于 100mL 水中，使用时取两液等量混合。

④2%红细胞悬浮液：自哺乳动物静脉采血 2mL，搅拌去除纤维蛋白，以 2 000 r/min 离心分离红细胞，用生理盐水洗涤 3 次，再加 100mL 生理盐水均匀混合。

⑤氯化钠白明胶试剂：取白明胶 1g 溶于 50mL 水中（在 60℃水浴中加热助溶），加入氯化钠 10g，待完全溶解后，加水稀释至 100mL。

⑥3,5-二硝基苯甲酸试剂（Kedde 试剂）：取 1mL 2%的 3,5-二硝基苯甲酸乙醇溶液，3mL 4%氢氧化钠乙醇溶液，与 7mL 水混匀（使用时配制）。

⑦碱性苦味酸试剂（Baljet 试剂）：取 9mL 1%苦味酸乙醇溶液，1mL 10%氢氧化钠乙醇溶液（不含碳酸钠）混匀（使用时配制）。

（3）实验及结果判定：

①酚性成分的检查：

a. 三氯化铁试验：取 1mL 酸性乙醇提取液，加入 1%三氯化铁乙醇溶液 1～2 滴，呈现绿色、蓝绿色或暗紫色者，为阳性反应。

b. 重氮化试验：取 1mL 酸性乙醇提取液，加入 1mL 3%碳酸钠溶液，在沸水浴中加热 3min，再至冰水浴中冷却，滴加新配制的重氮化试剂 1～2 滴，呈现红色，为阳性反应。

②有机酸的检查：

a. 酸碱度试验：用 pH 试纸测定水提取液的酸碱性，颜色指示在 pH7 以下，表明含有有机酸成分。

b. 显色试验：取 1mL 酸性乙醇提取液，用 5%氢氧化铵溶液调节至中性。再按圆形滤纸层析法检查有机酸。

③生物碱的检查：取 15mL 酸性乙醇提取液，用 5%氢氧化铵溶液调节至中性，在水浴上蒸干，其后加 5%硫酸溶解残渣，过滤，其滤液供下述试验：

碘化铋钾试验：取滤液 1mL，加碘化铋钾试剂 1～2 滴，呈现浅黄色或红棕色沉淀者，为阳性反应。

④氨基酸、多肽和蛋白质的检查：

a. 双缩脲试验：取被检冷水提取液 1mL，滴加 10%氢氧化钠溶液 2 滴，摇匀，滴入 0.5%硫酸铜溶液，随加随振摇，呈现紫色、红色或紫红色者，为阳性反应。

b. 茚三酮试验：取被检冷水提取液 1mL，滴加 0.2%茚三酮溶液 2～3 滴，摇匀，在沸水浴中加热 5min，冷却后，呈现蓝色或蓝紫色者，为阳性反应。

⑤糖、多糖和苷类的检查：

a. 碱性酒石酸铜试验：取被检热水提取液 1mL，滴加新配制的碱性酒石酸铜试剂 4～5 滴，在沸水中加热 5min，呈现棕红色氧化亚铜沉淀者，为阳性反应。

b. α-萘酚试验：取被检热水提取液 1mL，滴加 5% α-萘酚乙醇溶液 2～3 滴，摇匀。沿试管壁缓缓滴入 0.5mL 浓硫酸，在交界处呈现紫红色环者，为阳性反应。

⑥皂苷的检查：

a. 泡沫试验：取被检热水提取液 2mL，置于带塞试管中，用力振摇 1min，如产生大量泡沫，放置 10min，泡沫没有显著消失者，为阳性反应。

b. 溶血试验：在玻片上滴一滴红细胞混悬液，置于显微镜下，滴加被检水提取液少许，如红细胞破裂、消失，为阳性反应。此试验也可在试管内进行。

⑦鞣质的检查：

三氯化铁试验：取被检热水提取液 1mL，滴加 1%三氯化钠白明胶试剂 1～2 滴，呈现白色沉淀或混浊反应者，为阳性反应。

⑧黄酮类或其苷类的检查：

a. 盐酸-镁粉反应：取被检甲醇提取液 1mL，加入浓盐酸 4～5 滴及少量镁粉。在沸水浴中加热 3min，呈现红色者，为阳性反应。

b. 荧光试验：取被检甲醇提取液 1mL，在沸水浴上蒸干，加入硼酸的饱和丙酮溶液及 10%枸橼酸丙酮溶液各 1mL，继续蒸干。将残渣在紫外灯下照射，呈现强烈的荧光现象时，为阳性反应。

⑨蒽醌或其苷类的检查：

a. 碱性试验：取被检甲醇提取液 1mL，加入 10%氢氧化钠溶液 1mL，如产生红色反应，加入 30%过氧化氢 1～2 滴，加热后红色不褪，用酸调节至酸性，红色消失者，为阳性反应。

b. 醋酸镁试验：取被检甲醇提取液 1mL，加入 1%醋酸镁甲醇溶液 3 滴，呈现红色者，为阳性反应。

⑩强心苷的检查：

a. 3,5-二硝基苯甲酸试验：取被检甲醇提取液 1mL，滴加 3,5-二硝基苯甲酸试剂3～4 滴，呈现红色或紫色者，表明含有强心苷。

b. 碱性苦味酸试验：取被检甲醇提取液 1mL，加入碱性苦味酸试剂 1 滴，放置 15min 后呈现橙色或橙红色者，为阳性反应。

⑪内酯、香豆精或其苷类的检查：

重氮化试验：取被检甲醇提取液 1mL，加入 3%碳酸钠溶液 1mL，沸水浴中加热 3min，再至冰水中冷却，加入新鲜的重氮化试剂 1～2 滴，呈现红色者，为阳性反应。

⑫植物甾醇、三萜成分的检查：

a. 冰醋酸-浓硫酸试验：取被检甲醇提取液 1mL，在水浴上蒸干。再用冰醋酸 1mL 溶解残渣，加入醋酸酐-浓硫酸（19：1）试剂 1mL 混匀，呈现黄色转变为红色→青色→污绿色变化反应者，为阳性反应。

b. 氯仿-浓硫酸试验：按前法制备被检残渣用氯仿 1mL 溶解，加浓硫酸 1mL，如在氯仿层呈现红色或青色反应，在硫酸层有绿色荧光出现者，为阳性反应。

⑬挥发油、脂肪的检查：取被检中药粉末 2g，加 20mL 乙醚，温浸 30min 后过滤，滤液供如下试验：

a. 挥发油试验：取被检乙醚滤液 1mL，置于玻璃皿内自然挥发，如留有油状物残渣，加热后油状物消失或减少者，为阳性反应。

b. 油脂的检查：取被检乙醚滤液 2mL，置于玻璃皿上自然挥发，将残渣加无水硫酸钠 1～2 粒，置于酒精灯上直接加热，如产生白色刺激性气体者，为阳性反应。

2. 圆形滤纸层析预试法

（1）样品的制备：取被检中药粉末 5g，加 95%乙醇 50mL，在水浴上回流 10min。过滤，滤液浓缩至 25mL 备用。

（2）实验步骤及方法：取直径 12.5cm 的普通圆形滤纸一张，滤纸中心处打一小孔，备插入滤纸芯之用。将 0.1mL 乙醇提取被检液滴加在距纸中心约 1cm 处（图 4－3）。一张圆滤纸可同时点上 8～10 个样品。样品滴好后，将一小条滤纸芯插入滤纸的中心小孔。移到盛有展开溶剂直径为 12cm 的培养皿中，滤纸芯浸在溶剂中，滤纸上再盖以同样直径的培养皿，以进行层析。溶剂的前沿达到滤纸边缘后，取出滤纸，待溶剂挥发后，根据情况选择分别喷以不同的显色剂，以滤纸上出现的颜色斑点，确定样品的成分。

展开溶剂：甲醇或 95%乙醇。

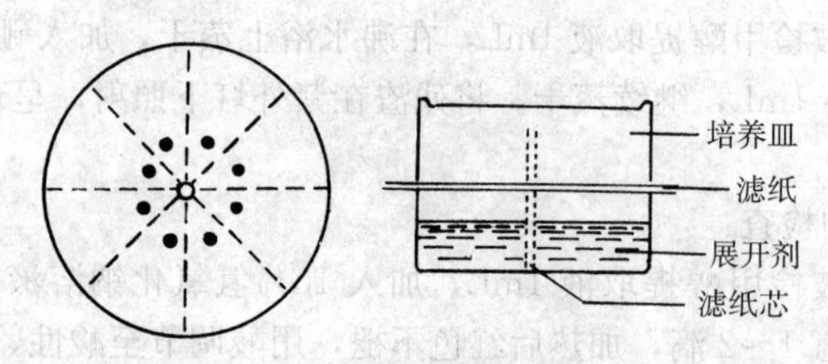

图 4－3　圆形滤纸层析预试法

（3）显色和结果判定：

①酚性成分的检查：显色剂以 2%三氯化铁乙醇溶液与 2%铁氰化钾水溶液等量混合使用。呈现蓝色-紫色斑点者，为阳性反应。

②有机酸的检查：显色剂取 0.1%甲基红乙醇溶液 5mL，0.1%甲基橙水溶液 15mL，0.1%石蕊水溶液 20mL，混匀使用。呈现黄色-红色斑点者，为阳性反应。

③植物甾醇、甾体皂苷、三萜类、三萜皂苷的检查：显色剂以新配制的 5%磷钼酸乙醇溶液，喷后置于 120℃烘 5min 至显色为止。呈现蓝色-蓝紫色斑点者，为阳性反应。

④内酯、酯类、香豆精及其苷类的检查：显色剂用异羟肟酸铁试剂，包括：盐酸羟胺 20g 溶于 50mL 水，以乙醇稀释至 200mL；氢氧化钾 50g 溶于最小量水，以乙醇稀释至 500mL；三氯化铁 10g 溶于 20mL 36%盐酸，再用 200mL 乙醚振摇混匀。使用时先将前两种溶液按 1：2 比例混合，过滤，滤液喷滤纸，烘干后再喷后一种溶液，在 80℃烘 2min。呈现蓝色-紫色斑点者，为阳性反应。

⑤黄酮及其苷类的检查：先在紫外灯下观察荧光，然后喷以1%三氯化铝试剂，再观察荧光是否加强。若在紫外灯下呈现黄色、黄绿色、蓝色荧光斑点，经试剂喷后，其荧光显著加强者，为阳性反应。

⑥蒽醌及其苷类的检查：显色剂用2%氢氧化铵溶液。呈现橙红或紫红色斑点者，为阳性反应。

⑦强心苷的检查：显色剂先喷2% 3,5-二硝基苯甲酸乙醇溶液，再喷4%氢氧化钠乙醇液。呈现紫红色斑点者，为阳性反应。

⑧生物碱的检查：显色剂用碘化铋钾试剂（取碱式硝酸铋0.85g溶于10mL冰醋酸，加40mL水混匀；另取碘化钾8g溶于20mL水中。使用时取两溶液各5mL，加冰醋酸20mL混均喷用）。呈现棕色、棕红色斑点者，为阳性反应。

⑨氨基酸的检查：显色剂用0.2%茚三酮水溶液，喷匀后，80℃烘干10min。呈现红色、蓝色、蓝紫色斑点者，为阳性反应。

（四）分析讨论

试管预试法是利用中药中各类成分溶解度的差异，选用适当的溶剂将一类溶解度相近的成分提出，再对提取液做一些特异的颜色反应或沉淀反应，初步判定其所含成分，这种方法简便易行。但是，某些定性反应也有局限性，如植物所含成分复杂，若含植物色素、树脂等较多时其颜色反应不易观察，故有时影响实验结果的正确判断。圆形滤纸层析法是用层析方法将中药粗提取液中的成分在纸上展开，利用各种显色剂显色，来检查所含的成分，这种方法简便、快速、用量少，但也存在前述的缺点。总之预试验只能提供初步的线索不能完全肯定或否定某种成分的存在。

预试验后填写实验报告一份，并据结果提出用哪些方法进行提取和分离。

十七、中药化学成分的提取、分离与鉴定

（一）目的

总体了解中药化学成分的提取和分离方法；掌握常用提取法的操作技术；重点学会运用层析法鉴定中药化学成分。

（二）准备

1. 药物及试剂　黄芩、黄柏、大黄、八角茴香、薄荷；60%及95%乙醇、20%石灰乳、10%盐酸、浓盐酸、40%氢氧化钠、冰醋酸、乙醚、6mol/L氢氧化钠、5%氢氧化钠-2%氢氧化铵混合液、氯化钠、正丁醇、醋酸镁、次硝酸铋、冰醋酸、碘化钾、氯仿、乙酸乙酯、甲醇、丙酮、石油醚、高锰酸钾、氧化铝、硅胶G、1,8-二羟基蒽醌。

2. 器材　电炉、煤油炉、水浴锅、铝锅、台秤、烧杯、容量瓶（25mL、125mL）、具塞烧瓶、圆底烧瓶（2 000mL、1 000mL、500mL）、三角烧瓶、水蒸气发生器、冷凝管（直形、球形）、挥发油测定器、量筒（1 000mL、100mL）、分液漏斗（500mL、250mL）、玻璃板（15cm×5cm、20cm×5cm）、新华Ⅰ号滤纸、pH试纸、铅笔、圆规、直尺、剪刀、电吹风、铁台、固定夹、乳胶管、层析缸、荧光灯（波长253.7nm）。

(三) 方法和步骤

本实验分三步进行：第一步提取中药化学成分；第二步将提取所得的浓缩液进行分离和精制；第三步用层析法鉴定分离所得的化合物是否为某已知化合物（或有效成分）。

1. 中药化学成分的常用提取法 实验分4组进行，每组分别安装4种提取装置，提取时做详细记录。

(1) 煎煮法：煎煮一般多用水作为溶剂，操作简便，多数有效成分可被提出。但由于水能使多种成分溶解，故不需要的化学成分和杂质等也被提取出来，造成过滤和提取的困难。含挥发性成分及化学成分遇热易破坏的中药，不宜采用煎煮法。

取中药薄片或碎块（黄芩），放入铝锅内，加入10～20倍量水，搅拌，浸润20～30min，直火加热，开始宜用强火（电炉），沸后改用文火（煤油炉），保持煎沸10min。用纱布过滤，得滤汁（头汁）。药渣再加8倍量冷水，按上法煎沸，沸后煎煮30min，过滤得二汁，合并两次煎液，静置，备用。

注意事项：

①煎煮不宜用铁锅，最好用陶（或搪）瓷器皿，实验室可用玻璃器皿。

②煎煮前宜加冷水浸泡，有利于有效成分的溶出。

③煎煮时间和次数，随药材性质而定。

(2) 渗滤法 渗滤法是在药粉上添加浸出溶媒，使溶媒渗过药粉，由于浸液密度大而向下移动，造成了良好的浓度差，使扩散能较好地自然进行。因此，此法不仅提取效率高，同时节省溶剂。本法不宜用挥发性很强的溶剂，一般常用的为不同浓度的乙醇、酸性或碱性乙醇、酸性或碱性水等。

取中药（黄柏），用研钵研碎，过30目筛，称取粗粉15g，置烧杯中，加入3倍量的20%石灰乳使其充分湿润和膨胀，浸渍30～60min。取脱脂棉一块，用脱脂纱布包裹，并以溶剂湿润，铺垫于渗滤器底部出口处。然后，分次将已湿润好的中药粗粉，填装于渗滤器内，每填装一层压平，不能有松有紧留有空隙，如此层层填装完毕后，在药粉上面盖以滤纸或纱布，再铺一层干净的玻璃珠轻压，以免加入溶剂时使药粉冲起或飘浮（图4-4）。

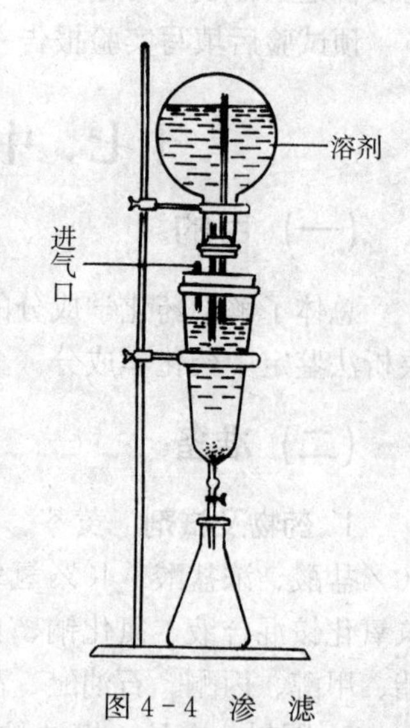

图4-4 渗 滤

药粉填装完毕后，加入溶剂，打开渗滤器下口的螺丝夹，待少量溶剂流出排除筒内的空气后，旋紧螺丝夹，将流出的浸出溶媒倒入筒内，并使溶剂液面超过药面几厘米，加盖放置，浸渍24～48h，使溶剂充分渗透和扩散。浸渍一定时间后开始渗滤，渗滤液流出速度一般为2～5mL/min。在渗滤过程中，需要随时添加溶剂，使药材中的化学成分充分浸出。将收集的渗滤液静置24h，过滤，备用。

注意事项：

①药粉在渗滤筒中的松紧及压力的均匀度会影响浸出。松紧不匀使部分药粉不能得到应有的浸取，压力不匀造成浸出不完全或堵塞。

②渗滤过程中，药料上部要始终保持一定量的溶剂，以免药料干裂而使渗滤不全。

③渗滤的速度，应依药材的性质、制剂的种类和浸出成分等决定。

(3) 回流法：采用有机溶剂加热提取中药化学成分时，或提取易挥发的化学成分时，为防止溶剂及化学成分的挥发，需采用回流法。回流法提取效率高、速度快，并可节约溶剂。

将药材粗粉（大黄），装入大小适宜的圆底烧瓶中，添加适量的溶剂（95%乙醇）至烧瓶容量的1/2或1/3（但需浸过药面），连接冷凝器，于水浴锅上隔水加热。当沸腾后，溶剂蒸汽经冷凝器冷凝后，又流回烧瓶药粉中，如此回流提取至预定的时间后，滤取提取液。药渣再添新溶剂，反复回流提取2～3次，过滤，合并提取液，回收溶剂，得浓缩液，备用（图4-5）。

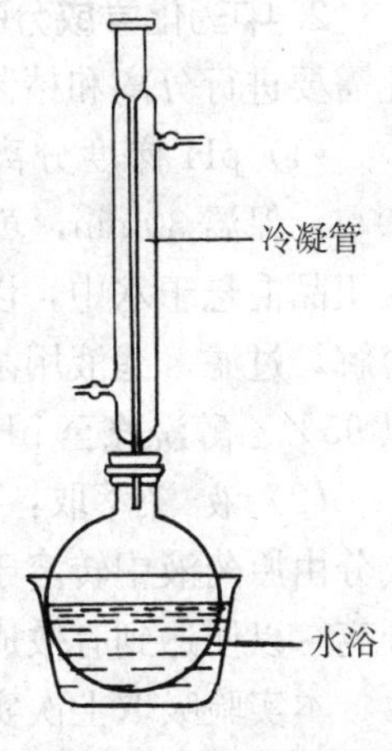

图4-5　回流装置

注意事项：

①溶剂装入烧瓶中的量不可太满（不得超过烧瓶容量的2/3），并在烧瓶中事先装入止沸剂（如玻璃珠等）。回流装置各接口处要严密，以免跑气、漏液。

②多数有机溶剂易燃烧，要注意安全，应在水浴上加热，不可直接用火加热。

③冷凝器的大小，应根据溶剂的沸点和需要回流的溶剂体积而定，要求溶剂蒸气能冷凝完全。一般不宜采用蛇形冷凝管，以免回流不畅而发生意外。

(4) 水蒸气蒸馏法：是利用水蒸气加热中药，使中药中的挥发性成分随水蒸气一起蒸馏出来。本法常用于挥发油类的提取。

开始时，水蒸气发生器和盛中药（薄荷）的烧瓶应同时直火加热，至沸腾后烧瓶改用酒精灯小火加热。蒸馏至蒸馏液中无挥发油味时停止，收集馏出液分层备用（图4-6）。

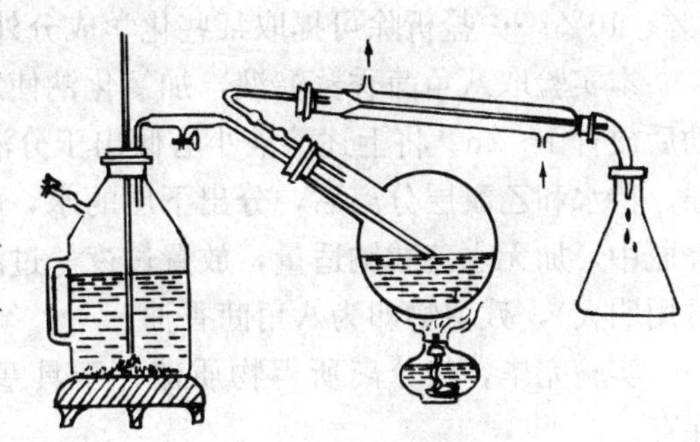
图4-6　水蒸气蒸馏装置

注意事项：

①烧瓶应向水蒸气发生器方向倾斜，以免飞溅起来的泡沫、药渣等进入冷凝器而流入接收瓶。水蒸气发生器的装水量不得超过其容量的2/3。

②中断蒸馏时，必须先将水蒸气发生器和烧瓶中间的三通管下口的螺丝夹打开，使与空气相通后再停止加热，以防止烧瓶内液体回流到水蒸气发生器中。

挥发油测定器也是一种水蒸气蒸馏装置，如果要提取少量挥发油，亦可用此装置，其用法如下：

称取八角茴香80g，捣碎后置1 000mL圆底烧瓶中，加蒸馏水700mL，振摇混合后，连接挥发油测定器，并从冷凝管向测定器的刻度部分添加蒸馏水至溢流入烧瓶为止。直火加热至馏出液基本上不呈混浊为止，收集蒸馏液约500mL。

实验完毕，各组将提取所得药液分别装入有塞烧瓶中，贴上组别、制作者姓名、日期，置4℃冰箱中保存。

2. 中药化学成分的常用分离法　经过提取所得的浓缩液，仍是多种成分的混合物，因此需要进行分离和精制。常用的分离法有以下几种。

（1）pH 梯度分离：取以上经提取的黄芩浓缩液，用浓盐酸调 pH 至 1～2，加热至 80℃，保温 30min，黄芩素析出，滤出沉淀，加入相当于沉淀物 8 倍量的水，搅匀，使黄芩素粗品混悬于水中，以 40%氢氧化钠调 pH 至 7，再加入等量的 95%乙醇，使黄芩素成钠盐溶解，过滤，滤液用浓盐酸调节 pH 至 2，充分搅拌，并加热至 80℃，黄芩素析出，过滤，以 95%乙醇洗涤至 pH 为 4，干燥即得黄芩素。

（2）液-液萃取：选用与药液不相混溶的溶剂，使之充分混合接触，以便将药液中有效成分由原药液中转溶于新溶液中，而杂质或不需要的化学成分仍留在原药液中，然后将两液分离，以便达到有效成分分离精制的目的。

本实验吸取上次实验所得大黄提取液 2mL，置 100mL 圆底烧瓶中，加冰醋酸 8mL，在沸水浴上回流 3min，待冷后加乙醚 30mL，以棉花过滤到分液漏斗中，并以 20mL 乙醚分 2 次洗涤，与滤液合并，在冷却情况下，向分液漏斗中加 6mol/L 氢氧化钠液 25mL 和 5%氢氧化钠- 2%氨水混合液 25mL，摇振提取，以冷水冷却，放置分层，分出红色的碱水层，收集碱水层。乙醚层再用混合碱液（每次 20mL）提取 2 次，直至乙醚层无色。碱水液储存备用。

（3）盐析：中药的某些成分，可溶于水，但难溶于无机盐的水溶液，利用此性质，向中草药提取液的水溶液中，加入适量的无机盐后，这些成分就离析出来。所用盐析剂，除氯化钠外还有硫酸钠、醋酸钠、硫酸铵等。加入盐析剂的数量随不同品种而异，浓度可配成 5%、10%……盐析除可提取某些化学成分外，也用于除去某些杂质。

本实验取八角茴香蒸馏液，加氯化钠使之饱和（每 100mL 馏出液约加氯化钠 40g），搅动后放置 1～2h。将上述溶液小心倾出于分液漏斗中（不需带出氯化钠），加乙醚 100mL 振摇，待水和乙醚层分离后，分出下层的水，将上层乙醚液从分液漏斗上口转入 200mL 三角烧瓶中，加无水硫酸钠适量，放置过夜，过滤，将乙醚液移入蒸馏烧瓶中，回收乙醚（切不可用明火），残留物即为八角茴香油。

实验完毕，将分离所得物质储存于具塞瓶中，贴上组别、姓名、日期，置 4℃冰箱中保存。

3. 中药成分的鉴定

（1）纸层析法：

①样品和标准品溶液的制备：

a. 大黄提取液（由上次实验而得）。

b. 标准品溶液：精密称取 1,8-二羟基蒽醌 10mg，置 25mL 容量瓶中，加甲醇于水浴上加热使之溶解，用甲醇调到刻度。

②滤纸准备：将供层析用的杭州新华滤纸一张，放在干净的玻璃上，裁成滤纸条（8cm×30cm）2 张，在距纸端约 2cm 处。用铅笔轻轻划一横线，于横线上每隔 2cm 处划一圆圈（直径约 0.3cm 以内）以供点样用，滤纸的另一端打一圆形小孔供悬挂时用。

③点样：用毛细管吸取样品溶液分别滴于滤纸上，每点直径不超过 0.3cm，每次点后待干（或用电吹风吹干），然后再继续点第二次，一共点 4～5 次（注意点子不能大，否则有拖尾现象），点完后吹干或晾干，以备层析用。

④展开剂：乙酸乙酯：甲醇：水＝100：16.5：13.5。

⑤展开：先将预先选择好的展开剂（溶液系统）加入标本缸中，加入量以使液层高1～2cm为度，密盖放置片刻使缸内空气为展开剂的饱和蒸汽，然后将点有样品的滤纸放入，悬挂在悬钩上，先将滤纸悬挂稍高些离开展开剂液面，让溶剂蒸汽先将滤纸纤维饱和，再使滤纸的底边浸入展开剂中约1cm，样品中的各成分即随溶剂的上升而逐渐分开。展开至28cm处，取出纸条，用铅笔划下溶液前沿，然后显色。

⑥显色：用1%醋酸镁甲醇溶液。

⑦结果：显色后用铅笔划下色点的位置，求每色点的 R_f 值。

$$R_f \text{ 值}=\text{起点线至斑点中心的距离/起点线至溶剂前沿的距离}$$

样品的 R_f 值与标准品 R_f 值对照检识。显色后，也可放在紫外灯下观察荧光。

一般说来，在固定的层析条件下，一个化合物的 R_f 值是个常数，所以它对鉴定成分有重要的参考价值，尤其在有已知物对照的情况下，更是确定一个成分的有力佐证。

⑧作业：根据结果写出实验报告。

（2）薄层层析法：

①制板：薄层板就是将吸附剂均匀地涂铺在载体上（最常用的是2～3mm厚的玻璃板）使之成一薄层。欲分离的样品就在这一薄层吸附剂上进行层析分离。涂铺的方法有干法及湿法两种。

a. 干法涂铺：即称取一定量的吸附剂（常用氧化铝，本实验用6g）堆放在玻片的一端，用两端粘有1～2层胶布的玻棒向前或向后均匀地刮过，使氧化铝在玻片上成一均匀的薄层，这样的薄层板又叫“软板”或“干板”。铺好后可直接点样，用近水平法展开。这种“软板”制作容易而简便；缺点是展开过程要轻拿轻放，显色不方便，不能保存，分离效果有时不如“硬板”好。

b. 湿法涂铺：是将吸附剂加水适量调成糊状，为了使制成的薄层板较为牢固，常在吸附剂中加入适量的黏合剂，最常用的是煅石膏，即市售硅胶G。薄层糊的调配：称取6g硅胶G，加入2～2.5倍量水，在乳钵中不断搅拌研磨数分钟，至成均匀黏稠的糊状，一般研磨至肉眼观察没有水与吸附剂分离的现象，而且糊的表面有奶油样的光泽即可倾倒在两块玻板上立即涂铺。一般可徒手涂铺，即将玻片置于平台用掀起一边再放下的方法使之反复颠簸，成为均匀平坦的薄层。铺好的薄层板应在数分钟内凝固，厚薄均匀，没有分层，表面光滑，没有凸起的颗粒，不易自玻板上剥脱。一般薄层的厚度以0.25mm为宜。在110℃烘1h，置于干燥器中备用。

②样品和标准溶液的制备：

a. 黄柏提取液：取前一次实验所得黄柏渗滤液，测pH在12以上，加10%盐酸调pH为5～6，静置，过滤，取滤液在水浴上浓缩至稠膏状，加3～5倍量95%乙醇，沉淀过滤，取滤液回收（或挥发掉）。

b. 大黄提取液（由上次实验而得）。

c. 标准品溶液：

Ⅰ. 黄连素溶液：取黄连素粉少许，加氨水碱化，放在水浴上除氨，残渣加95%乙醇（加热）使溶。

Ⅱ. 1,8-二羟基蒽醌标准品溶液。

③层析：

a. 干板层析：

Ⅰ. 点样：每板点 2 点，一点是黄柏提取液，另一点是对照标准品（黄连素液），两点间隔 2cm，每点直径不超过 0.3cm。

Ⅱ. 展开剂：氯仿：甲醇＝9：1。

Ⅲ. 展开：放于长形层析缸，采用倾斜上行法。

Ⅳ. 观察结果：先在紫外荧光灯下观察，记录斑点的颜色、大小、位置，然后喷雾显色。喷以改良碘化铋钾液（见中药化学成分的预试），与标准品对照并记录结果。

b. 湿板层析：

Ⅰ. 点样：每板点 2 点，一点是大黄提取液，另一点是对照标准品（1,8-二羟基蒽醌液）。

Ⅱ. 展开剂：乙酸乙酯：甲醇：水＝100：16.5：13.5。

Ⅲ. 展开：放于标本缸中，采用上行法层析。

Ⅳ. 观察结果：先喷以 1％醋酸镁甲醇溶液，然后在紫外灯下观察荧光，分别记录供试品与标准品斑点的颜色、大小、位置。

（四）分析讨论

（1）对中药有效成分的鉴定结果做出评价。

（2）分析提取和分离过程中哪些是成功的，哪些是失败的。

十八、中药制剂的含量测定

（一）目的

通过分光光度法测定中药制剂中的含量，了解药品检验的相关技术。

（二）准备

1. 药品　大黄提取液、1,8-二羟基蒽醌、6mol/L 氢氧化钠溶液、5％氢氧化钠-2％氢氧化铵混合液（下称混合碱液）、冰醋酸、乙醚、甲醇。

2. 器材　721 型分光光度计、容量瓶（100mL、50mL）吸管、水浴锅、烧杯。

（三）方法和步骤

1. 标准溶液的配制　精密称取在 105℃干燥 2h 的 1,8-二羟基蒽醌 20mg，置 50mL 容量瓶中，加甲醇，于水浴上加热使溶，再用甲醇调至刻度。精密吸取含 1,8-二羟基蒽醌的甲醇溶液 5mL，加 20mL 甲醇，使浓度为 80μg/mL。

2. 标准曲线的制备　精密吸取标准溶液 1mL、2mL、3mL、4mL、5mL、6mL，分别置小烧杯中，在水浴上蒸去甲醇，加混合碱液 10mL，摇匀，在 535nm 波长处测定光密度，以光密度为纵坐标，浓度为横坐标，绘制标准曲线。

3. 含量测定　精密吸取各组的大黄提取液 2mL（编号），置 100mL 圆底烧瓶中，加冰醋酸 8mL，在沸水浴上回流 30min，待冷后加乙醚 30mL，以棉花过滤到分液漏斗中，并以

20mL 乙醚分 2 次洗涤，与滤液合并。在冷却状态下向分液漏斗中加 6mol/L 氢氧化钠液 25mL 和混合碱液 25mL，摇振提取，以冷水冷却，放置分层，分出红色的碱水层，收集碱水层。乙醚层再用混合碱液（每次 20mL）提取 2 次，直至乙醚层无色。将提取的碱水液置 100mL 容量瓶中，在沸水浴上加热 30min，冷至室温后加混合碱液至刻度，混匀，精密查出相应浓度，并按下式计算出大黄提取液中总蒽醌的含量（A）。

$$A\ (\text{mg/mL}) = M \times 5 \times 50/1\ 000$$

M 是由标准曲线查得的蒽醌质量（μg）。

（四）观察结果

计算出各组大黄提取液中总蒽醌的含量。

（五）分析讨论

（1）比较各组所得提取液的含量，找出含量差异的原因。

（2）中药的含量测定还有哪些方法？

十九、荆芥、柴胡的解热作用

（一）目的

观察解表药荆芥、柴胡的解热作用。

（二）准备

1. **动物**　家兔。

2. **药物**　伤寒副伤寒甲乙三联菌苗、1∶1 荆芥煎剂、1∶1 柴胡煎剂、生理盐水、凡士林。

3. **器材**　台秤、体温计、10mL 注射器、酒精棉球。

（三）方法和步骤

1. **发热家兔的准备**　家兔称重后测体温，挑选体温在 38～38.5℃者，耳静脉注射伤寒副伤寒甲乙三联菌苗（每千克体重 0.5mL），观察 2h 后，以体温升高 1℃以上者供实验用。

2. **给药**　第 1 组家兔灌服 1∶1 荆芥煎剂（每千克体重 0.5mL），第 2 组家兔灌服 1∶1 柴胡煎剂（剂量同上），第 3 组家兔灌服等量的生理盐水作为对照。

3. **测体温**　灌药后每隔 30min 测体温一次，并做记录。

（四）观察结果

将 3 组家兔实验前后的体温分别绘制体温曲线。

（五）分析讨论

分析荆芥和柴胡对实验性发热家兔的退热作用。

二十、清热药的体外抗菌实验

(一) 目的

掌握中药体外抗菌实验的方法，了解清热药对病原菌的抑制和杀死作用。

(二) 准备

1. **菌种** 根据实验条件可选用大肠杆菌、沙门菌、肺炎链球菌、绿脓杆菌、金黄葡萄球菌一种或数种。先接种在适于生长的培养基内，置于37℃恒温箱中培养24h，待菌种复壮后使用。再取复壮的菌种一环，放在适宜的培养基内，置于37℃恒温箱中培养。培养时间及所需培养基因细菌的种类不同而异。一般细菌培养6h，菌液浓度为每毫升相当于9亿个菌左右，再用肉汤液1∶500稀释后供使用。链球菌等培养18h，菌液浓度为每毫升相当于3亿个菌左右，再用肉汤液1∶5稀释后供使用。

2. **药物** 清热药如黄连、黄芩、地丁、栀子等。将欲试药物制成100%水煎剂（1∶1煎剂）。经55.16kPa（即8 lbf/in^2）高压灭菌20min，冷却后置冰箱中备用。

3. **培养基** 一般细菌如葡萄球菌、肠道杆菌等，可采用普通肉汤培养基或普通肉汤琼脂培养基。链球菌等对营养要求较高的病原菌，可采用羊血肉汤培养基。

4. **器材** 试管（高压蒸汽灭菌后备用）、接种环、酒精灯等。

(三) 方法和步骤

1. **试管法** 用普通肉汤培养基或羊血肉汤培养基与100%中药煎剂进行倍比稀释（第一管双倍培养基），稀释度为1∶2、1∶4、1∶8……1∶256，每管体积为1mL。然后将菌液分别接种于不同浓度的药液培养基中，接种量为已稀释好的菌液0.1mL。同时设药液（药液与培养基1∶2）、细菌（细菌与培养基0.1∶1）、培养基（不加药液与菌液）各一管，作为对照。将上述试管摇匀后，置于37℃恒温箱中培养24h，再观察结果。

2. **平板法** 先将药物按试管法稀释为1∶2～1∶256等不同浓度。将各稀释度的药液1mL，置于无菌平皿中，然后将各平皿加已溶化的琼脂培养基9mL，迅速与药液混匀，对照用10mL琼脂培养基。已凝固的平板作标记后置于37℃恒温箱中1～2h，使其干燥。取出平皿，将细菌以划线法接种于平板上，再置于37℃恒温箱内培养24h后观察结果。

(四) 观察结果

1. **试管法** 首先在观察细菌对照管呈混浊，而培养基对照管、药物对照管呈透明清澈的前提下，再观察试管的混浊情况，以判查不同浓度药液的抑菌作用，如试管内液体混浊，证明有细菌生长，用“＋”表示；如试管内澄清透明，证明无细菌生长，用“－”表示，将观察结果记入表4-6。

如因药物色素较深，不易判断时，可取一接种环移种于平板上，于37℃恒温箱内培养24h再观察。

2. **平板法** 主要观察平板上有无细菌生长。注意应在观察对照皿无细菌生长的前提下记录结果。观察和判断方法同试管法。

表 4-6　＿＿＿药液对细菌的抗菌作用

细菌种类	药物浓度								对照管		
	1∶2	1∶4	1∶8	1∶16	1∶32	1∶64	1∶128	1∶256	细菌	药液	培养基
××菌											
××菌											
××菌											
××菌											

（五）分析讨论

将全班各组实验结果进行比较，如结果相近可计算平均值，如结果差别较大，应分析讨论其原因。

二十一、清热药的体内抗菌实验

（一）目的

用某些清热药，对人工感染的实验动物进行抗菌活性实验，以了解清热药的体内抗菌作用。

（二）准备

1. **动物**　健康小鼠 6～12 只，体重 20g 左右，等分为 3 组，即对照组、感染组、感染给药组。
2. **药物**　可选用清热燥湿的苦参、黄连等制成 100％灭菌煎剂。
3. **感染菌**　可用临床分离出的大肠杆菌 24h 培养物。
4. **器材**　注射器、剪毛消毒用品等。

（三）方法和步骤

将小鼠分 3 组并编号记录，饲养在同一条件下。

1. **对照组**　不感染，不给药，观察其生活情况，作为对照。
2. **感染组**　用分离出的大肠杆菌培养物进行腹腔接种感染，但不给药，以观察其是否发病，发病后的情况及其结果。
3. **感染给药组**　按上述感染组方法进行感染，感染后 1h 腹腔注射药液 0.5mL，并观察其情况及结果。

（四）观察结果

实验开始后，每隔一定时间观察各组小鼠的情况，并详细记录其发病情况，最后观察其存活情况。

（五）分析讨论

综合全部实验结果，并统计全部实验数据，分析清热药对大肠杆菌的体内抗菌效果。

二十二、承气汤系列的攻下作用比较

（一）目的

着重了解攻下药的代表方，即3种承气汤（大承气汤、增液大承气汤和复方大承气汤）的下法原理和主治功能有何异同。

（二）准备

1. **动物** 取健康家兔13只，体重2kg，注意动物身体情况的异同性，以减少误差。

2. **药物**

（1）大承气汤：大黄10g（后下）、芒硝10g（冲）、枳实10g、厚朴10g。

（2）增液承气汤：大承气汤加玄参10g、麦冬10g、生地10g。

（3）复方大承气汤：大承气汤加莱菔子10g、赤芍10g、桃仁10g。

上述3方，分别做成煎剂，浓缩为100mL备用。活性炭500g，阿拉伯胶水溶液（10%）1瓶，生理盐水1 000mL。活性炭亦可用食用色素染的红麦麸片替代。

3. **器材** 兔开口器、细导尿管、金属注射器、兔解剖台、手术剪、麻绳、钢卷尺等。

（三）方法和步骤

1. **活性炭推进实验** 取家兔12只，分为4组。实验前禁食1d，取适量活性炭加10%阿拉伯胶水溶液制成5%活性炭悬液，每兔灌服10mL，在灌活性炭前20min按照分组先灌大承气汤等试药中的一种。通常在灌药后30min，用颈椎脱臼法将动物处死，立即剖腹，将消化道自贲门至直肠末端完整地摘出，平铺于木板上，测其全长，并记录活性炭推进的实际距离，计算活性炭推进率。计算公式如下：

$$\text{活性炭推进率}=\frac{\text{实测活性炭推进距离}}{\text{家兔肠道全长距离}}\times 100\%$$

2. **对小肠分泌的影响** 取家兔1只，先将腹部被毛剃去，用846（每千克体重0.1mL）皮下注射进行麻醉。沿腹部白线切开腹壁，打开时要防止肠管涌出。手术操作要轻柔，术中要注意保温、保湿，用盐水纱布覆盖创面，术后要及时关闭腹腔。选取小肠4段，每段5cm，用棉线结扎两端，每段距离3cm，其中分别注入试药，另一段注入生理盐水，注入量为1mL，30min后抽取肠内分泌液，比较试前、试后有何不同。

（四）观察结果

将实测数据填入表4-7。

表 4-7　实验结果

实验分组	活性炭推进实验			肠液分泌结果	
	肠道全长	实测长度	推进率	试 前	试 后
大承气汤					
增液承气汤					
复方大承气汤					
对 照					

（五）分析讨论

上述结果与泻下作用强弱有何差异？与中兽医理论“急下存阴”“增水行舟”有何关系？在临床选方上有何意义？

二十三、木槟硝黄散及其拆方对兔离体肠管的作用

（一）目的

了解某些攻下方药对肠管的作用及其临床意义。

（二）准备

1. **动物**　家兔。

2. **药物**　大黄煎液（1.5%）、芒硝煎液（5%）、槟榔煎液（0.5%）、木香煎液（0.5%）、木硝黄煎液（100mL 煎液中含木香 0.5g、大黄 1.5g、芒硝 5g）、木槟硝黄煎液（100mL 煎液中含木香、槟榔各 0.5g、芒硝 5g、大黄 1.5g）、台氏液。大黄与木香不宜久煎，一般后入。

3. **器材**　眼科剪刀和镊子、普通手术剪刀和镊子、烧杯、缝针、缝线、麦氏浴皿、L 形通气管、球胆、注射器（5mL、1mL）、螺旋夹、双凹夹、铁台、酒精灯及其架、火柴、温度计、量杯、记纹鼓、杠杆、描记笔、胶泥、打气筒等。

（三）方法和步骤

（1）家兔 1 只，击毙或耳静脉注入空气致死，立即打开腹腔，剪取小肠数段，置于台氏液中，洗净肠内容物，供实验用。

（2）仪器妥善装置后，取小肠一段，长约 2cm，沿肠管剪去肠系膜。在肠管的两端用缝针各对穿丝线一条，其中一端丝线略短，并连接在 L 形通气管一端的小钩上，置于盛有 40mL 台氏液的麦氏浴皿中；肠管的另一端丝线略长，连接在描记笔尾上。

（3）麦氏浴皿置于保温热水烧杯中，为使烧杯中热水保持在 38℃左右，在烧杯下方置一微火酒精灯，并时刻注意火候，以免温度偏高或偏低。

（4）L 形通气管的另一端，用橡皮管连接于充满空气的球胆上，放松螺旋夹，使球胆内空气经 L 形通气管小钩端的小孔，徐徐放出气泡，每秒 1～2 个，以供肠管活动所需要的氧气。

（5）打开记纹鼓记录，先描记正常肠蠕动曲线，然后依次将大黄煎液或槟榔煎液分别加

入麦氏浴皿中，加药时应尽量接近肠管，但不能触动肠管，每加换一种药液前，必须用温台氏液冲洗2～3次，待肠蠕动恢复正常后再加药，观察并描记肠蠕动曲线。

（四）观察结果

（1）加大黄煎液0.1mL后描记肠蠕动曲线，观察其结果。依次观察加0.1mL木香煎液、槟榔煎液、木硝黄煎液及木槟硝黄煎液后的结果。

（2）加0.15mL以上的槟榔煎液，造成肠痉挛收缩后，再加木硝黄煎液0.5mL以上，可观察到解痉的结果。

（五）分析讨论

（1）从实验中可知哪一味药是促进肠蠕动的主药？

（2）从实验中可知哪一组合为最佳配方？

（3）木硝黄煎液解除槟榔所致痉挛在中兽医理论上有什么意义？

二十四、马价丸对兔实验性肠套叠的解除作用

（一）目的

了解马价丸对兔肠管的作用，探讨其临床意义。

（二）准备

1. **动物** 家兔，体重1.5～2.5kg。雌雄不限，实验前禁食48h，不禁水。

2. **药物** 马价丸煎剂：木香1g、槟榔1g、青皮1.5g、大黄3g、芒硝6g、牵牛子3g、荆三棱1.5g、木通0.7g、郁李仁1g，加水煎成200mL（大黄、木香后入）备用。生理盐水500mL，戊巴比妥300mg。

3. **器材** 解剖台、保定绳、注射器、手术剪、手术刀、培养皿、纱布等。

（三）方法和步骤

1. **手术** 兔仰卧保定于解剖台上，耳静脉注射戊巴比妥钠每千克体重25mg，使其麻醉。在腹中线上剑状软骨后两指处作5～6cm长切口，取出回肠，并在距回盲瓣30cm及70cm处分别挂线为记。分离出两侧迷走神经。

2. **给药**

（1）第1组，在70cm处向肠内注射生理盐水5mL，以作对照。

（2）第2组，在70cm处向肠内注射马价丸煎剂5mL。

（3）第3组，耳静脉注射马价丸煎滤液5mL。

（4）第4组，切断两侧迷走神经，再耳静脉注射马价丸煎滤液5mL。

3. **观察实验肠套叠解除情况** 给药后，在30cm处用1mL注射器活塞将回肠人工造成一个长约2cm单腔逆向肠套叠，然后将小肠置于切口内，切口处以一适当大于伤口的培养皿覆盖，周围以浸有温生理盐水的纱布围绕，以保持肠段一定的温度与湿度。开动计时钟，记录套叠还纳的时间，并观察肠蠕动情况。设定1h内不还纳作为永不还纳。

（四）观察结果

将观察到的肠套叠还纳时间及肠蠕动情况记录在表4－8中。

表4－8　实验结果

	对照组	肠内给药组	耳静脉给药组	切断迷走神经组
还纳时间				
肠蠕动情况				

（五）分析讨论

（1）肠套叠是怎样被解除的？

（2）马价丸解除肠套叠的作用途径是什么？

二十五、川贝母的止咳作用

（一）目的

观察川贝母煎液对豚鼠用枸橼酸引咳后的止咳作用。

（二）准备

1. 动物　豚鼠2只（体重相近，每只不超过200g）。
2. 药物　1∶1川贝液、17.5％枸橼酸、生理盐水。
3. 器材　磅秤、喉头喷雾器、带盖玻璃缸、1mL注射器（消毒）、酒精棉球、秒表。

（三）方法和步骤

（1）豚鼠称重后，观察正常状态下的呼吸数。

（2）给实验组豚鼠口服1∶1川贝母煎液，每100g体重0.5mL，口服，给对照组豚鼠口服生理盐水，每100g体重0.5mL。

（3）服药30min后，实验组和对照组豚鼠同时放入玻璃缸内，用喉头喷雾器将17.5％枸橼酸向缸内喷雾2min。

（四）观察结果

观察两组豚鼠5min内的咳嗽次数，记入表4－9中。

表4－9　观察结果

	体　重	实验前咳嗽次数	喷雾后咳嗽次数
实验组			
对照组			

（五）分析讨论

从实验结果分析1∶1川贝母煎液对豚鼠用枸橼酸引咳后的止咳作用，并进行评价。

二十六、杏仁及枇杷叶的平喘作用

（一）目的

观察杏仁煎液及枇杷叶煎液对豚鼠以组胺引喘后的平喘作用。

（二）准备

1. **动物**　豚鼠2只（体重相近，每只不超过200g）。

2. **药物**　1∶1杏仁煎液、1∶1枇杷叶煎液、0.4%组胺、2%氯化乙酰胆碱、生理盐水。

3. **器材**　磅秤、喉头喷雾器、带盖玻璃缸、1mL注射器（消毒）、酒精棉球、毛巾、秒表。

（三）方法和步骤

（1）豚鼠称重后，观察正常状态下的呼吸数。

（2）将豚鼠放入玻璃缸内，加盖后再以毛巾塞严缝隙，用0.4%组胺加2%氯化乙酰胆碱混合液喷雾5s后，取出豚鼠，观察豚鼠的呼吸数及异常表现。

（3）实验组豚鼠每100g体重口服1∶1杏仁煎液或1∶1枇杷叶煎液各0.5mL。对照组豚鼠每100g体重口服生理盐水0.5mL。

（4）服药后30min，两组豚鼠同时放入缸内，按上法喷雾引喘。

（四）观察结果

观察实验组及对照组豚鼠的呼吸数及异常表现，记入表4-10中。

表4-10　实验结果

组　别	体　重	实验前呼吸数	实验后呼吸数及异常表现
杏仁煎液			
枇杷叶煎液			
对照组			

（五）分析讨论

从实验结果分析杏仁煎液及枇杷叶煎液的平喘作用，并进行评价。

二十七、独活及秦艽的止痛作用

（一）目的

观察独活、秦艽等祛风湿药的止痛作用。

（二）准备

1. **动物**　家兔。

2. **药物**　1∶1独活煎液、1∶1秦艽煎液、饱和氯化钾液。

3. **器材**　痛阈测量仪（WQ－9型）、5mL或10mL注射器、兔保定架、磅秤、秒表、剪毛剪、酒精棉球。

（三）方法和步骤

（1）将兔称重后，按站立姿势固定在网架或保定架上，在耳外缘内侧剪毛后接上测痛电极（上端电极浸生理盐水，下端电极浸饱和氯化钾液），测痛3次（每次30s），每次间隔1min，取3次痛阈平均数作为实验前家兔痛阈值。

（2）按每千克体重3mL耳静脉注射1∶1独活煎液，注射后每隔10min测痛1次，共测3次。

（3）另取家兔，按每千克体重3mL耳静脉注射1∶1秦艽煎液，注射后每隔10min测痛1次，共测3次。

（四）观察结果

将观察到的结果记入表4－11中。

表4－11　实验结果

注射药物	实验前痛阈值（mA）	实验后痛阈变化（mA）				
		10min	20min	30min	40min	50min
独活煎液						
秦艽煎液						

计算10min、20min、30min、40min、50min后痛阈提高百分率。计算方法如下：

$$痛阈提高百分率=\frac{实验后痛阈值-实验前痛阈值}{实验前痛阈值}\times 100\%$$

（五）分析讨论

分析所得结果，并评价独活及秦艽的止痛作用。

二十八、五苓散的利尿作用

（一）目的

主要观察五苓散的利尿作用，以加深对利湿方药功效的理解。

（二）准备

1. **动物**　选同一品种健康家兔，体重相近，约2kg左右。雌雄各2只。

2. **药物**　3%异戊巴比妥钠注射液或25%氨基甲酸乙酯，生理盐水；将五苓散（猪苓3份、茯苓3份、泽泻4份、白术2份、桂枝2份）制成1∶1煎剂。

3. **器材**　磅秤、兔手术台、常规手术器械、塑料导尿管（用市售18号无毒聚氯乙烯医用塑料管代替）、10mL玻璃注射器及针头、剪毛剪、烧杯、缝合丝线、记滴器或秒表。

（三）方法和步骤

（1）给家兔经耳静脉注射麻醉，3%异戊巴比妥钠注射液每千克体重0.8mL，或25%氨基甲酸乙酯每千克体重1g。麻醉后将兔仰卧保定于手术台上。

（2）在下腹部剪毛（约一掌大的面积），于近耻骨联合上缘，沿腹中线旁开约0.5cm处，做7cm的腹壁切口，开腹找出膀胱（若充满尿液，可用手轻轻压迫使之排空）。在膀胱底部前3～4cm处，用小止血钳剥离出两侧输尿管，右手持眼科剪在输尿管上剪开一斜向创口（剪口为输尿管的1/2），再将一根充满生理盐水的细塑料导尿管向肾脏方向插入2cm，然后用缝合线结扎固定。再以同样方法将对侧输尿管也插入塑料导管。最后将两支塑料导管的游离端合并在一起，使其开口向下，固定于手术台的一侧，尿液即由导管慢慢滴出。下面放烧杯，收集尿液。腹部手术创口用浸有温生理盐水的纱布覆盖。其余3只家兔也进行同样的手术。

（3）尿液记滴有两种方法：其一，将塑料导管开口连接于记滴器上，自动记滴；其二，人工记滴，即从导尿管排出第一滴尿液的时间算起，计数5min内排出的滴数（或排出3滴尿液所用的时间），作为实验用药前泌尿指标的自身对照。

（4）分组，2只为实验组（雌雄各1只），实验前对尿液记滴，然后用注射器向小肠内注射五苓散煎剂（每千克体重5mL），给药后每隔15min观察1次，连续观察60min。另外两只兔作为对照组，用生理盐水（每千克体重5mL）注于小肠，观察记数方法同实验组。

（四）观察结果

观察实验组与对照组，给药前后的尿量变化，并记录填入表4-12中。

表4-12　实验结果

		给药前尿量		给药后尿量	
		各兔尿量	平均值	各兔尿量	平均值
实验组	1号				
	2号				
对照组	3号				
	4号				

（五）分析讨论

根据实验结果，分析并讨论五苓散的利尿作用。

二十九、理气药对离体肠管的作用

（一）目的

观察了解枳实、青皮、木香和槟榔对离体肠管蠕动的影响。

（二）准备

1. **动物**　家兔。

2. **药物**　50%枳实煎剂、10%青皮煎剂、50%木香煎剂、10%槟榔煎剂、硝酸毛果芸香碱、硫酸阿托品、台氏液。

3. **器材**　电动记纹仪、描记笔杆、计时器、麦氏浴皿、L形管、球胆、万能夹、石棉网、酒精灯、螺旋夹、温度计、恒温水浴、烧杯、平皿、缝针、剪刀、镊子、滴管、铁台、双凹夹、乳胶管。

（三）方法和步骤

（1）于实验前调节水浴锅，使温度保持在38±0.5℃，在水浴锅内的麦氏浴皿中盛50mL台氏液，另将橡皮球胆充满空气（氧气），连接一通气管，备用。

（2）取健康兔一只，击头致毙，剖开腹腔，找出邻近胃的十二指肠（或近阑尾处的回肠），用剪剪下数段，每段长1.5～2cm，浸入一盛有38±0.5℃台氏液的平皿中。将一端用小镊子轻轻夹住，用玻璃吸管以台氏液将肠段内冲洗干净，然后将肠段内一端用线扎紧并结一小环，以便将其固定于通气管上。另一段用丝线结紧，以便将丝线连接于描计笔上，置于盛有台氏液的麦氏浴皿中，观察并描记实验前肠管蠕动情况。然后向麦氏浴皿中滴入10%青皮煎剂0.2～0.4mL，观察肠蠕动情况，并进行描记。1min后用38℃台氏液替换麦氏浴皿中的液体。待肠蠕动恢复后，向麦氏浴皿中滴入2%硝酸毛果芸香碱0.8～0.9mL，描记肠蠕动。更换台氏液，再滴入10%青皮煎剂0.5～0.7mL，观察并记录结果变化。如上法分别做枳实、木香煎剂的实验。每换一种煎剂应另取一段肠管。

使用槟榔煎剂后不滴入毛果芸香碱而改用阿托品。

（四）观察结果

整理肠蠕动的强度、次数、时间等数据。

（五）分析讨论

比较各药对离体肠管蠕动的影响。

三十、理气药对在体肠管运动的影响

（一）目的

了解厚朴、枳实等健脾理气药对动物肠管运动的影响，以验证健脾理气药的药理作用。

（二）准备

1. **动物**　豚鼠（体重 0.5～1kg）。

2. **药物**　50%厚朴煎剂、50%枳实煎剂、厚枳合剂（系以上两种药液的等份混合液）、1%戊巴比妥钠液、台氏液。

3. **器材**　万能支柱、漏头架、石棉网、双凹夹、烧瓶夹、豚鼠固定板、线绳、剪刀、镊子、酒精灯、温度计、500mL 烧杯、1mL 注射器、天平、台秤、秒表。

（三）方法和步骤

（1）取豚鼠，称量体重后，按每 100g 体重 0.3～0.4mL 腹腔注射 1%戊巴比妥钠液，并仰卧固定于固定板上。

（2）待麻醉后，切开腹壁，使肠管外露；翻转木板，并固定于支柱上，使肠悬垂于37～38℃恒温台氏液中。

（3）观察肠管正常蠕动情况，做好记录；先向小肠内注入台氏液 0.5～1mL，观察肠蠕动有无变化，作为对照；再向小肠注入 50%厚朴煎剂（或枳实煎剂、厚枳合剂）0.5～1mL，观察肠管蠕动有何变化，分别做好记录（记录时按肠管每分钟平均蠕动次数统计。）

（四）观察结果

实验结果记录于表 4－13 中。

表 4－13　实验结果

项　目	正常情况	台氏液	厚朴煎剂	枳实煎剂	厚枳合剂
蠕动次数					
持续时间					

（五）分析讨论

（1）健脾理气药厚朴、枳实的药理作用如何？

（2）厚朴、枳实煎剂对肠管运动的影响如何？

（3）厚枳合剂对肠管运动的影响如何？并与各单味药剂对比观察，做出判断。

三十一、健脾理气散对瘤胃内环境的影响

（一）目的

通过瘤胃纤毛虫的计数和瘤胃发酵强度的观察，了解健脾理气散对瘤胃部分内环境的影响。

（二）准备

1. **动物**　牛或羊。

2. **药物**　5%福尔马林、30%甘油、液状石蜡、碘酊、酒精、健脾理气散（白术30g、茯苓60g、槟榔30g、甘草30g、麦芽60g、神曲60g、前4味药煎水、候温冲麦芽、神曲）。

3. **器材**　胃导管、100mL注射器及其针头、纱布、显微镜、锥形瓶、2mL和1mL的吸管、乳糖发酵管、纤毛虫计数室等。

（三）方法和步骤

1. 纤毛虫计数

（1）采样：通常取瘤胃液进行纤毛虫计数。无论用胃导管或注射器从瘤胃瘘管中抽取瘤胃液，都应固定部位，尤其是要固定时间采样，灌药前采1～2次，灌药后24h、48h各采1次。用胃导管采样时，尽可能使导管插至瘤胃背囊，若靠前庭区过近往往在样品中混有较多的唾液，则应弃之重做。采样量在牛至少200mL，羊20～50mL即可。

（2）样品处理：以4层纱布将瘤胃液滤于锥形瓶中，轻轻旋转并反复倒转数次，以使纤毛虫分布均匀，然后迅速地吸取20mL置于另一锥形瓶中，加入等量的50%福尔马林，此时样品被稀释1倍。按前法使之混合均匀，从中吸取1mL置于盛9mL 30%甘油溶液的试管中，此时样品被稀释为20倍，作为供检样品。

（3）镜检计数：用手握住盛有待检样品的试管，堵住管口，慢慢地反复倒转8～10次，使其混匀。以大口滴管从试管中央吸取1mL样品，均匀地滴入计数室，静置片刻，在低倍镜下计数。在计数室不同代表部分，观察20个视野，计算纤毛虫总数（A），并求出每个视野（即1mm^3体积）中纤毛虫的平均数（B），最后按下式计算出1mL瘤胃液中的纤毛虫数（C）：

$$C=B\times 20\times 1\,000，或\ C=A\times 1\,000。$$

每个样品应做两次计数，以其平均值代入上式。如果计数室有改进，可按其说明进行计算。

2. 瘤胃液发酵强度变化观察

（1）采样：同纤毛虫计数。

（2）发酵强度观察：瘤胃液采得后，随即取10mL置于10mL乳糖发酵管中，并滴入适量液状石蜡，以隔绝空气，置37～40℃温箱中培养24h，观察其产气量，即发酵强度。

（四）观察结果

（1）灌药前瘤胃液纤毛虫数和发酵强度如何？

（2）灌药后瘤胃纤毛虫总数和发酵强度有何变化？

三十二、川芎煎液对蛙肠系膜血管的影响

（一）目的

通过观察川芎煎液对蛙或蟾蜍肠系膜血管状态的影响，帮助理解理血药的活血化瘀作用。

（二）准备

1. **动物**　蛙或蟾蜍 2 只。

2. **药物**　1∶1 川芎煎液、生理盐水、任氏液。

3. **器材**　药物天平、有孔蛙板、探针、大头针、眼科镊、眼科剪、普通生物显微镜、接目测微器、玻璃注射器（2～5mL）。

（三）方法和步骤

（1）将 2 只蛙或蟾蜍称重后，用探针破坏脊髓，分别仰卧固定于蛙板上。使右侧腹壁靠近蛙板孔。于右腹部打开腹壁，轻轻拉出小肠袢。将肠系膜展开，小心地铺在蛙板的孔上。注意不要牵拉太紧，以防撕破肠系膜血管或阻断血流。然后用大头针固定蛙的四肢以及肠系膜。

（2）将蛙板固定于显微镜的载物台上，物镜对准肠系膜，在低倍镜下寻找一条血流通畅且明显的血管，观察并用接目测微器测定血管的直径（外径），注意血流速度，将数据记录于表内。实验观察过程中，不时用任氏液湿润肠系膜，以防干燥，影响血流。

（3）取 1 只蛙（或蟾蜍）在皮下淋巴囊内注射川芎液（每 10g 体重 0.5mL），另 1 只蛙注射生理盐水。注射后每隔 5min 观察血管直径和血流速度，将结果记录于表内。

（四）观察结果

观察注射药液前后，血管口径及血流速度变化，记录在表 4－14 内，并绘制血管口径变化曲线图。

表 4－14　实验结果

	注药前血管口径	注药后不同时间血管口径									
		5′	10′	15′	20′	25′	30′	35′	40′	45′	50′
注药蛙（或蟾蜍）											
注生理盐水蛙（或蟾蜍）											

（五）分析讨论

根据实验结果，分析讨论川芎的活血化瘀作用。

三十三、桃红四物汤对离体子宫的影响

（一）目的

通过实验了解当归、红花与桃红四物汤等活血通经药物对子宫的作用及其临床意义。

（二）准备

1. **动物**　未妊娠家兔 4 只，以发情母兔为最佳，妊娠家兔不宜选用。

2. **药物**　洛氏液 1 000mL：称取氯化钠 9g、氯化钾 0.4g、无水氯化钙 0.1g、碳酸氢钠 0.2g、葡萄糖 1g；在配制时，应首先将氯化钙完全溶解后方可加入其他试剂，否则将会产生沉淀，影响实验效果。

50%桃红四物汤煎剂：桃仁、红花、当归、川芎、赤芍各 15g，生地 25g，共计生药 100g，加水 30mL，煎沸 2 次，每次 30min，浓缩至 200mL，冬天置于室内，次日仍可使用，夏天放入冰箱备用。

同样制备 20%的红花煎剂和 20%的当归煎剂各 100mL。另取麦角新碱注射液（每 1mL 含麦角新碱 0.3mg）1 盒。

3. **器材**　同离体肠管试验。

（三）方法和步骤

（1）取实验动物，用颈椎脱臼法处死，剖腹取出子宫，立即置于盛有洛氏液的玻璃平皿中，轻柔剥离附着于子宫壁上的结缔组织和脂肪组织。将一侧子宫的两端分别用线结扎，一端固定，另一端与描记杠杆连接。

（2）先记录正常运动曲线，然后分别加入实验药物。从 0.1mL 开始，最后加至 1mL。反应达到最明显之后，更换新鲜洛氏液，静置适当时间可重复试验。

（3）营养液的选择是关键，多种动物的子宫离体标本对台氏液不够敏感，最常用的是洛氏液。除了营养液的选择外，气体与温度也是影响离体实验成败的关键因素。

（四）观察结果

观察子宫的正常收缩和用药后的变化，主要指标有张力（以各次收缩之间的最低点表示）、强度（幅度）（以每次收缩所达到的最高点表示）、频率（每 10min 收缩的次数）、子宫活动力（以强度和频率的乘积表示）。

（五）分析讨论

分析上述 4 种药物对子宫的作用有何特点，结合兽医临床用药有何实用价值。

三十四、延胡索乙素的镇痛作用

（一）目的

镇痛试验可用于镇痛中药的筛选和发现新的止痛药。现有的镇痛试验法很多，热板法和

酒石酸锑钾刺激法是易做的两种。通过实验以掌握实验方法和结果的判定。

（二）准备

1. **动物** 小鼠（体重 14～20g）。

2. **药品** 延胡索乙素注射液、30%安乃近注射液、生理盐水、0.05%酒石酸锑钾溶液。

3. **器材** 热板水浴、温度计、注射器、针头、酒精灯、烧杯（200mL、50mL）、钟罩、天平。

（三）方法和步骤

先做热板法，后做酒石酸锑钾刺激法。

每组进行分工，一人负责保持温度，一人看表，一人记录。每组取小鼠 4 只，分别称重，编号，做好记录。

1. **热板法** 在一恒温水浴箱内，放一个导热的铝碗或铜碗，水温保持于 55℃，取平均值，记室温。将欲试小鼠放入铜碗或铝碗中，立即按秒表记录时间，从开始置入时至小鼠由于痛感而舐后肢为止的时间为痛阈。正常小鼠，一般在放入后 10～20s 内，开始有不安状态，可能有举前肢、踢后肢、跳跃等，最后是舐后脚，即以此为动物的痛觉指标，并立即记录时间，将鼠取出。用此法挑选反应在 40s 内的小鼠 4 只。合适小鼠选出后，再每隔 2.5min 依次测小鼠正常痛阈值一次，将 4 只小鼠所得两次正常痛阈值平均后，作为给药前痛阈值。

给药及给药后的痛阈测定：将称好体重的小鼠做好记号，按下列药物及剂量计算各鼠所需的药液，再依次每隔 2.5min 分别给予下列药物。

第 1 鼠：腹腔注射延胡索乙素注射液 0.2mL。

第 2 鼠：腹腔注射延胡索乙素注射液 0.4mL。

第 3 鼠：腹腔注射 3%安乃近注射液 0.2mL。

第 4 鼠：腹腔注射生理盐水 0.2mL。

给药及给药后测定全部操作时间的安排见表 4-15。

表 4-15 实验操作时间安排

时 间	操 作	时 间	操 作
0′	第 1 鼠 给药	12.5′	第 2 鼠 测定
2.5′	第 2 鼠 给药	15′	第 3 鼠 测定
5.0′	第 3 鼠 给药	17.5′	第 4 鼠 测定
7.5′	第 4 鼠 给药	20′	第 1 鼠 测定
10′	第 1 鼠 测定		

注射完毕，仍依次每隔 2min 测定各组痛阈值（如 60s 内仍无反应者，亦应把鼠取出作为阴性，因时间太久会把脚烫坏）。每鼠每隔 10min 观察药物作用一次，直到用药后 1h 为止。实验结果记录在表 4-16 中。

表 4－16　实验结果　　　　　　实验室温度＿＿＿＿

鼠号	体重	药品	剂量	痛觉反应时间								
				用药前（正常）			用药后					
				1	2	平均	10′	20′	30′	40′	50′	60′

根据全组实验结果，按下列公式计算不同时间的痛阈提高百分率。

$$\text{痛阈提高百分率}=\frac{\text{用药后平均反应时间}-\text{用药前平均反应时间}}{\text{用药前平均反应时间}}\times 100$$

根据每组不同时间的痛阈提高百分率作图，横坐标代表时间，纵坐标代表痛阈提高百分率，画出各组的曲线，比较各药的镇痛强度、作用开始时间及维持时间。

2. 酒石酸锑钾刺激法　取体重 14～19g 小鼠 20 只，分为 2 组，每组 10 只，一组皮下注射被试药液（延胡索注射液）0.2mL。另一组注射生理盐水作为对照。1h 后，两组小鼠每只腹腔注射 0.05％酒石酸锑钾溶液 0.2mL，观察 10min 左右，如出现歪扭现象（间歇地收缩，一侧腹部扭歪，躯干或腹部下凹伸张后腿），说明酒石酸锑钾刺激引起小鼠痛觉反应。记录反应动物数/动物总数的比例。计算每组反应百分率，两组对比，如给药组的反应百分率小于对照组反应百分比率的在 30％以上者，一般即认为这种药物有镇痛作用。

当实验组与对照组动物数相等时，其镇痛百分率用下式计算：

$$\text{镇痛百分率}=\frac{\text{实验组没反应的动物数}-\text{对照组没反应动物数}}{\text{实验组动物数}-\text{对照组没反应的动物数}}\times 100\%$$

（四）观察结果

分别写出热板法的痛阈提高百分率和酒石酸锑钾法的镇痛百分率。

（五）分析讨论

对延胡索乙素的镇痛作用做出评价。

三十五、赤芍的活血化瘀作用

（一）目的

通过赤芍复钙时间的测定，了解赤芍活血化瘀的部分作用。

（二）准备

1. 药物　20％赤芍煎液（pH 7）、生理盐水、0.025mol/L 氯化钙、血浆（牛）。

2. 器材　试管（10mm×100mm）、吸管（1mL）、恒温水浴箱、试管架。

（三）方法和步骤

（1）取试管 11 支，按次序排列，自第 2 管起，每管加入生理盐水 0.2mL，再取 20％赤芍分别加入第 1、2 管各 0.2mL。

（2）从第 2 管的混合液中吸出 0.2mL，放入第 3 管，这样依次稀释至第 10 管，从第 10 管中吸出 0.2mL 混合液弃之。第 11 管为对照管。

（3）从第 1 管至第 11 管，每管各加入 0.2mL 血浆后将各管置于水浴箱，经 37℃恒温孵育 30min，然后每管再加入 0.025mol/L 氯化钙 0.2mL，分别记录每管的凝固时间。

（4）以上操作重复 3～5 次，取其平均值。

（四）观察结果

20％赤芍煎液加血浆后的复钙时间测定结果记录在表 4－17 中。

表 4－17　实验结果

试管编号	1	2	3	4	5	6	7	8	9	10	对照
药物稀释倍数	20％原液	2	4	8	16	32	64	128	256	512	生理盐水
复钙时间											

（五）分析讨论

为什么会出现以上的不同复钙时间？

三十六、外用止血药比较

（一）目的

了解外用药止血试验的一些方法；观察药物的止血效果。

（二）准备

1. 动物　家兔、小鼠。

2. 药品　生蒲黄、蒲黄炭、活性炭、桃花散、云南白药、地榆炭、2％戊巴比妥钠。

3. 器材　兔固定台、剪刀、手术刀、持针钳、止血钳、镊子、缝线、纱布、棉花、注射器、针头、秒表、小鼠固定管等。

（三）方法和步骤

实验分四组进行。每组人员分工：手术 2 人，记录 1 人，观察止血效果 1 人，计时 1 人，做准备工作 1 人。

每组取兔 1 只，用 2％戊巴比妥钠水溶液（每千克体重 30～40mg）耳静脉注射，麻醉后，将兔固定于兔手术台上，进行如下实验。

1. 切除部分肝组织止血实验　剪去腹底部毛后，自腹中线切开 5～7cm，注意不要切破横膈。术者用手轻轻拉出肝脏，周围用生理盐水纱布填贴固定，以防肝脏缩回腹腔，但不可固定太紧，以免影响肝脏血液循环。为使实验标准统一，故先用硬质料剪成 2cm×1.3cm 长方形一块，将它贴于肝表面，用利刀沿其四周迅速下刀，深度控制在 0.4～0.6cm，用有齿镊子提起后，迅速切取此肝组织，创面要见到血液涌出（最好统一能切到有小动脉涌射出血），迅速将被试药（如果用粉剂，则直接撒布；如果用注射剂，则将注射剂浸透纱布贴敷）敷于创面，同时按下秒表，如创面没有射血或渗血现象即为止血。记载止血时间。

2. **兔股动脉全切断实验**　本实验主要是练习方法，所以可用做过肝切除术的兔继续进行。将已止血的肝还纳入腹腔，用止血钳钳封腹切口。于兔的鼠蹊部和股内侧剪毛，切开皮肤，分离，充分暴露出股动、静脉，可将左右两侧同时分离暴露，一侧为实验组，一侧为对照组，记时人下令后，左右两侧股动、静脉同时全切断，分别同时敷上被试药及对照药（如被试药为粉剂，对照药也必须是等量的粉剂，如被试药为注射剂，则用纱布浸透贴敷，对照药也用纱布浸药，空白对照可用生理盐水纱布），比较观察测定止血时间。

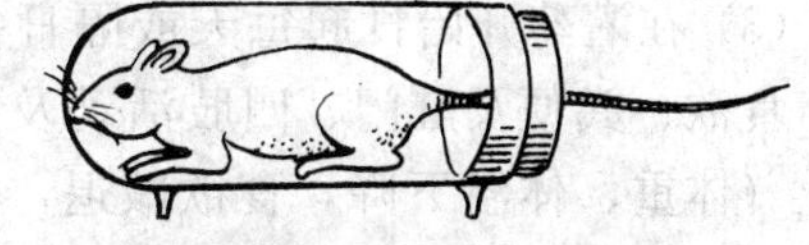

图 4-7　小鼠固定示意图

3. **鼠断尾实验**　选择同样大小、尾的粗细相仿的小鼠每组 6 只，装入小鼠固定管内（图 4-7）。

每鼠尾按同一距离（距尾根）做上标记，记时人下令后，同一时间剪下标记处的鼠尾，分别敷上供试药品，记录止血时间。

（四）观察结果

将观察结果记录于表 4-18 中。

表 4-18　实验结果

方法	动物	组别	药物	止血时间（min）										
				1	2	3	4	5	6	7	8	9	10	平均
		试验组												
		对照组												

（五）分析讨论

解释上述结果，对止血效果做出评价。

三十七、补气方药对脾虚小鼠的作用

（一）目的

观察党参、黄芪、四君子汤对脾虚小鼠模型的补气作用。

（二）准备

1. **动物**　健康小鼠（体重 18～20g）。
2. **药物**　党参、黄芪、白术、甘草、大黄、芒硝、厚朴、枳实、番泻叶、生理盐水。
3. **器材**　鼠罐、小鼠灌胃管、天平、温度计、镊子、锅、电炉、毛剪。

（三）方法和步骤

（1）将大黄、芒硝、厚朴、枳实按1∶2∶1∶1的比例配伍，煎成每1mL含生药1g的大承气汤备用。将番泻叶以沸水冲后浸泡8h过滤，使之每1mL含生药0.3g备用。将党参、白术、茯苓、甘草按5∶2∶2∶1的比例配伍，煎成每1mL含生药2g的四君子汤备用。将党参煎成1∶1煎剂。将黄芪煎成1∶1煎剂。

（2）将小鼠随机分成3组：第1组每天每只灌服大承气汤0.5mL；第2组每天每只灌服番泻叶液1mL；第3组每天每只灌服生理盐水1mL作为对照。各组均连续灌服5～7d。

（3）在灌药开始日起每天或隔日每只小鼠均测体重和体温一次。每天观察小鼠的精神、食欲、粪便及肛门、四肢活动及被毛情况，一直观察到脾虚模型判定标准症状出现为止（体重、体温下降，食欲减退，精神萎靡，便软或泄泻，四肢无力，被毛失泽或蓬乱等）。

（4）将上2组小鼠分别与对照组做游泳、耐缺氧或耐寒冷试验。

（5）将脾虚小鼠分成4组：第1组每天每只灌服100%党参煎剂0.5mL；第2组每天每只灌服100%黄芪煎剂0.5mL；第3组每天每只灌服四君子汤0.5mL；第4组每天每只灌服生理盐水0.5mL作为对照。上述药物均连续灌服3～5d。同时做以上同样的观察。

（四）观察结果

将观察结果记入表4-19、表4-20、表4-21、表4-22、表4-23、表4-24、表4-25、表4-26、表4-27中。

表4-19　体重变化

组别	只数	开始时均值（g）	第3d均值（g）	第5d均值（g）	第7d均值（g）
大承气汤组					
番泻叶组					
对照组					

表4-20　体温变化

组别	只数	开始时均值（℃）	第3d均值（℃）	第5d均值（℃）	第7d均值（℃）
大承气汤组					
番泻叶组					
对照组					

表 4-21　其他观察

组别	只数	精神	食欲	粪便及肛门	四肢	被毛	其他
大承气汤组							
番泻叶组							
对照组							

表 4-22　耐疲劳试验比较

组别	只数	平均游泳时间
大承气汤组		
番泻叶组		
对照组		

表 4-23　耐寒冷试验比较

组别	只数	平均死亡时间
大承气汤组		
番泻叶组		
对照组		

表 4-24　耐缺氧试验比较

组别	只数	平均死亡时间
大承气汤组		
番泻叶组		
对照组		

表 4-25　灌服补虚药过程中体重变化

组别	只数	开始时均值（g）	第 3 天均值（g）	第 5 天均值（g）	备注
党参组					
黄芪组					
四君子汤组					
对照组					

表 4-26　灌服补虚药过程中体温变化

组别	只数	开始时均值（℃）	第 3 天均值（℃）	第 5 天均值（℃）	备注
党参组					
黄芪组					
四君子汤组					
对照组					

表 4-27　灌服补虚药过程中其他观察

组别	只数	精神	食欲	粪便及肛门	四肢	被毛	其他
党参组							
黄芪组							
四君子汤组							
对照组							

（五）分析讨论

通过本实验观察结果，说明党参、黄芪和四君子汤的补气作用。

三十八、参麦注射液对兔急性心肌缺血的疗效观察

（一）目的

了解血虚病理模型的制作方法，并观察参麦注射液对血虚动物的治疗作用。

（二）准备

1. 动物　家兔 6 只，每组 1 只。

2. 药物　参麦注射液为人参、麦冬提取制成的灭菌水溶液，每 1mL 相当于人参、麦冬生药各 0.1g，每盒 10×2mL。

3. 器材　心电图仪、兔解剖台板、剪刀、注射器、12 号针头、保定麻绳、酒精棉球。

（三）方法和步骤

（1）选择健康家兔，可不麻醉，休息 30min 描记心电图。

（2）实验时将家兔背位固定于解剖台上，待安静后，先测其正常心电图。然后在左心区剪毛、消毒，以 12 号针头一次插入左心室抽全血 1/3。10min 后，再测心电图，测后 30min 观察记录其精神、结膜颜色、体温、呼吸、心跳等，并按编号 1～5 号分别于耳静脉注射参麦注射液 2mL，6 号兔不注射药物作为对照，连续注射 3 日，每日 1 次。停药 3 日后再测心电图，并观察记录精神、结膜颜色、体温、体重、心跳、呼吸等变化。

（四）观察结果

各实验组将所测数据填入表4－28内。

表4－28　实验结果

组别	动物编号	时间	体重	体温	心跳	呼吸	结膜			精神	心电图波形
							苍白	淡红	潮红		
试验组	试前										
	抽血后10～30min										
	抽血后6d										
对照组	试前										
	抽血后10～30min										
	抽血后6d										

（五）分析讨论

（1）家兔心电图描记，试前试后T波波形有何变化？为什么？S－T段是否下降？用药后是否有变化？为什么？

（2）参麦注射液治疗急性心肌缺血的机理何在？属于何种补益方药？

三十九、酸枣仁与远志的安神作用

（一）目的

观察酸枣仁和远志对小鼠的安神作用。

（二）准备

1. **动物**　小鼠。
2. **药物**　50％酸枣仁水浸液、50％远志煎液、生理盐水。
3. **器材**　1mL注射器、玻璃钟罩、电铃、鼠笼、镊子、小烧杯。

（三）方法和步骤

（1）将小鼠分批放在装有电铃的玻璃钟罩内，任其自由活动，注意观察活动状况。

（2）接通电源，待电铃响0.5～1min后关闭电源，将出现转圈、倒卧、抽搐或惊厥的小鼠挑出。

（3）将出现转圈、倒卧、抽搐或惊厥的小鼠待10min后恢复正常时，分别腹腔注射50％酸枣仁水浸液、50％远志煎液各0.4mL，对照组腹腔注射生理盐水0.4mL。待2～3min后，重复上述电铃刺激。

（四）观察结果

注意观察给药的两个组和对照组的活动状况，做记录并做比较。

（五）分析讨论

描述给药前后小鼠的活动状况，并分析安神药的作用。

四十、桃花散对炎性渗出物吸收的影响

（一）目的

观察桃花散对炎性渗出物吸收的影响，为临床应用提供有关数据。

（二）准备

1. **动物** 健康同性大鼠。

2. **药物** 桃花散、乙醚、1%灭菌巴豆油（用大豆油稀释）、0.1%硝酸士的宁溶液、磺胺粉。

3. **器材** 剪毛剪、5%碘酒、注射针头、缝合线、脱脂棉、注射器等。

（三）方法和步骤

（1）用乙醚将大鼠麻醉，剪去肩胛至背部被毛，碘酒消毒，用消毒的注射针头向肩胛间皮下注入空气2mL，针头不拔，随即注入1%灭菌巴豆油1mL。

（2）24h后，将注射部位（炎灶中心）切开皮肤约7mm，撒入桃花散，注意要撒匀，并记录时间，缝合后观察30min。

（3）另取大鼠，做同样处理，只是撒入的药物换为磺胺粉，记录时间，缝合后观察30min。

（4）用0.1%硝酸士的宁溶液，分别注入炎性灶内，作为对照组。

（5）准确记录注射硝酸士的宁的时间及大鼠死亡时间。并将创囊剖开，观察其病理变化。

（四）观察结果

将观察到的实验结果记录在表4-29中。

表4-29 实验结果

组 别	死亡时间	备 注
桃花散组		
磺胺组		
对照组		

（五）分析讨论

桃花散对炎性渗出物的吸收有什么影响？

四十一、大蒜的抑菌作用

（一）目的

初步了解大蒜中挥发性物质对炭疽杆菌、大肠杆菌、巴氏杆菌、猪丹毒杆菌、沙门菌、痢疾杆菌的抑制作用，并掌握倒牛津杯法。

（二）准备

1. **菌种**　炭疽杆菌、大肠杆菌、巴氏杆菌、猪丹毒杆菌、沙门菌、痢疾杆菌等标准菌株。

2. **培养基**　普通肉汤、普通琼脂平板。

3. **菌液**　用直径2mm的接种环取各菌种一满环，分别接种于含普通肉汤培养基的试管里。37℃培养18～24h。

4. **大蒜汁**　无菌操作，将大蒜捣成汁或泥状。

5. **器材**　无菌T形玻棒、吸管、牛津杯或青霉素盖、镊子、酒精灯和封蜡等。

（三）方法和步骤

（1）在普通琼脂平板的盖上的中央加一无菌牛津杯或倒置的青霉素瓶盖，并用石蜡固定。

（2）用无菌吸管吸取炭疽杆菌、大肠杆菌、巴氏杆菌、猪丹毒杆菌、沙门菌、痢疾杆菌的菌液，分别滴于普通琼脂平板上（2滴），用无菌T形玻棒将菌液抹匀。

（3）将大蒜汁0.2mL注入已经固定的牛津杯内或青霉素瓶盖凹陷内，或用无菌镊将大蒜泥填入其内，然后将已接种菌液的琼脂培养基倒置于盛有大蒜汁的培养皿盖上，切勿与牛津杯或青霉素盖相接触。放入37℃培养24h。

另外，以同法注0.2mL无菌生理盐水于牛津杯内，以作对照。

（四）观察结果

培养24h后，观察并测定抑菌圈的大小。

（五）分析讨论

应用此法还能做哪些中药抑菌实验？为什么？

四十二、洋金花制剂的麻醉效果观察

（一）目的

掌握中药麻醉的一般操作技术，观察中药麻醉的效果及其特点。

（二）准备

1. **动物**　可根据情况选用马、牛、羊、猪等。

2. **药物** 东莨菪碱注射液、6%毛果芸香碱注射液、5%葡萄糖生理盐水注射液。

3. **器材** 各种注射器、手术常规器材等。

（三）方法和步骤

1. **实验动物准备** 术前动物禁食12～24h，手术部位去毛消毒，并检测体温、脉搏、呼吸等。

2. **麻醉** 先给动物肌肉注射氯丙嗪（马500～700mg，牛500～600mg，羊200～250mg，猪100～200mg）做基础麻醉。30min后将中麻Ⅱ号（每千克体重，马0.4mg，牛0.47mg，羊0.17mg，猪0.5mg）加入5%葡萄糖生理盐水中，进行静脉滴注。经20～30min诱导期动物即可倒地，角膜、肛门反射消失，针刺皮肤无反应，即可进行手术。

3. **手术** 根据情况可做切皮、开腹、肠管等不同手术。术后待动物自然苏醒。亦可用催醒剂6%毛果芸香碱（马、牛9～14mL，羊、猪2～3mL）皮下注射，促其苏醒。

（四）观察结果

（1）麻醉后应对动物表现及各系统生理活动进行观察，并将结果记录在表4-30内。

表4-30 麻醉后的生理活动观察

项 目	注射前	注射后					
		10′	30′	60′	90′	120′	240′
心 率							
呼 吸							
体 温							
肠蠕动							
尿 量							
肌肉紧张度							
骚动情况							
疼痛反应							
其 他							

（2）在手术过程中应根据动物的表现，做好麻醉效果的记录，作为判定麻醉效果的标准，可参照下列项目进行观察：①麻醉后多长时间动物倒地。②瞳孔是否散大。③肛门括约肌是否松弛。④针刺测痛的情况及范围。⑤手术中切皮、肌肉、腹膜和牵拉内脏，缝合时的动物表现。⑥术中动物的骚动情况，是否影响手术进行。

（3）记录麻醉的诱导期，麻醉期的时间，如用催醒剂，应记录注射后的变化。

（4）手术后应加强对动物的护理，并观察有无后遗症。

（五）分析讨论

通过实验分析中药麻醉效果，并讨论中药麻醉的优缺点。

第五章 针 灸

一、马属动物常用穴位的取穴法

（一）目的

掌握马属动物常用穴位取穴的方法，以便准确定位，为临床应用奠定基础。

（二）准备

1. **动物** 马（驴或骡）。

2. **主要器械** 针具、保定用具、马针灸穴位挂图。

（三）方法和步骤

现将常用穴位列举如下，并按照所述部位分别取穴。

1. 头颈部穴位

（1）分水：上唇外面，正中旋毛处。一穴。

（2）姜芽：鼻外翼的鼻翼软骨角顶端是穴，可先向对侧拉紧鼻唇部，鼻翼软骨角即可显露。左右侧各一穴。

（3）玉堂：门齿后方上腭第三棱中央两旁，即口内上腭第三腭褶正中旁开 1.5cm 处是穴。左右侧各一穴。

（4）通关：将舌拉出口外，向上翻转，紧握舌体，舌系带两侧的舌下静脉是穴。左右侧各一穴。

（5）锁口：口角后上方约 2cm 的口轮匝肌外缘处。左右侧各一穴。

（6）开关：口角后上方延长线与咬肌前缘交界处的凹陷是穴。左右侧各一穴。

（7）三江：内眼角下方 3cm 处的眼角静脉上是穴。左右侧各一穴。

（8）太阳：外眼角后方 3cm 处的面横静脉上。左右各一穴。

（9）睛明：下眼睑眼眶上缘，内外眼角间内、中 1/3 交界的凹陷处是穴。左右眼各一穴。

（10）睛俞：上眼睑正中，眼眶下缘。左右眼各一穴。

（11）开天：眼球角膜与巩膜交界处下缘中点是穴。左右眼各一穴。

（12）耳尖：耳背侧距耳尖端约 3cm，耳大静脉内、中、外三支汇合处是穴。左右耳各一穴。

（13）大风门：头顶部，门鬃根部前方正中央骨棱上为主穴，主穴斜下方两侧 3cm 处为副穴。共三穴，呈三角形排列。

（14）天门：两耳根后方连线正中央枕骨嵴后的凹窝中。一穴。

（15）上关：颧弓下方，下颌关节后上方凹陷中是穴，马咀嚼时该关节凹陷显著。左右侧各一穴。

（16）下关：下颌关节下方凹陷中是穴。左右侧各一穴。

2. 前肢部穴位

（1）膊尖：肩胛骨前缘，肩胛骨前角与肩胛软骨结合部的凹陷中是穴。左右侧各一穴。

（2）膊栏：肩胛骨后缘，肩胛骨后角与肩胛软骨结合部的凹陷中是穴。左右侧各一穴。

（3）肺门：膊尖穴前下方，肩胛骨前缘上、中 1/3 交界处是穴。左右侧各一穴。

（4）肺攀：膊栏穴前下方，肩胛骨后缘上、中 1/3 交界处是穴。左右侧各一穴。

（5）弓子：肩胛冈后方，肩胛软骨上缘正中点直下方 10cm 处是穴。左右各一穴。

（6）抢风：以中指按压肩端，拇指伸展向后按取，臂三头肌长头与外头之间的凹陷处是穴。左右侧各一穴。

（7）肩井：肩端臂骨大结节上部之凹陷，从肩端上按取，其近端凹陷中是穴。左右侧各一穴。

（8）肘俞：肘头直前方凹陷中是穴。左右侧各一穴。

（9）胸堂：胸骨两旁，胸外侧沟下部的臂皮下静脉上是穴。左右侧各一穴。

（10）夹气：腋窝正中是穴。左右肢各一穴。

（11）乘重：桡骨上端外侧韧带结节直下方肌沟中是穴。左右各一穴。

（12）前三里：前臂外侧上部，桡骨上、中 1/3 交界处的肌沟中是穴。左右各一穴。

（13）三阳络：在前肢桡骨外侧韧带结节下方约 6cm 处的肌沟中。进针角度为 15～20 度角，沿着桡骨后缘向内下方刺入 10～13cm，使针尖抵达夜眼皮下，以不穿透为度。左右各一穴。

（14）缠腕：球节上方外侧，筋前骨后的指（趾）外侧静脉上是穴，前肢者名前缠腕，后肢者名后缠腕。左右侧各一穴，共四穴。

（15）蹄头：蹄冠上缘前方稍偏外侧 2cm（前蹄头），或正中（后蹄头），有毛无毛交界处。左右侧各一穴，共四穴。

3. 躯干部穴位

（1）风门：耳后二指，寰椎翼前缘正中凹陷处是穴。左右侧各一穴。

（2）伏兔：耳后四指，寰椎翼后缘凹陷中是穴。左右侧各一穴。

（3）颈脉：下颌骨角后下方四指处，颈静脉沟上、中 1/3 交界处的颈静脉上是穴。左右侧各一穴。

（4）九委：伏兔穴后方两指，鬣毛根部下方两指半处取一委（上上委）；膊尖穴前方三指，鬣毛根部下方四指处取九委（下下委）；在此两穴之间，沿菱形肌下缘分为八等份，由前向后为二至八委（上中委、上下委、中上委、中中委、中下委、下上委、下中委），呈弧形排列。

（5）大椎：第七颈椎与第一胸椎棘突间的凹陷中。左右各一穴。

（6）鬐甲：鬐甲最高点前方四指，颈础线上方顶点处。一穴。

（7）百会：腰荐十字部中央凹陷处。一穴。

（8）肾俞：百会穴旁开四指处（约 6cm）是穴。左右侧各一穴。

（9）肾棚：肾俞穴前方四指处是穴。左右各一穴。

（10）肾角：肾俞穴后方四指，距背中线四指处是穴。左右侧各一穴。

（11）八窖：荐椎各棘突间，背中线旁开四指处是穴。左右侧各四穴，由前向后分别称为上窖、次窖、中窖、下窖。

（12）关元俞：最后肋骨后缘上端的髂肋肌沟中是穴。左右侧各一穴。

（13）脾俞：倒数第三肋间上端的髂肋肌沟中是穴。左右侧各一穴。

（14）肝俞：倒数第五肋间与肩端至臀端连线的交点上是穴。左右侧各一穴。

（15）肺俞：倒数第九肋间与肩端至臀端连线的交点是穴。左右侧各一穴。

（16）带脉：胸侧壁，肘头后方四指的胸外静脉上是穴。左右侧各一穴。

（17）穿黄：胸前中沟两侧一指处的皮肤褶上是穴。左右侧各一穴。

4. 后肢及尾部穴位

（1）巴山：百会穴与股骨中转子连线的中点处是穴。左右侧各一穴。

（2）路股：百会穴与股骨中转子连线的中、下 1/3 交界处是穴。左右侧各一穴。

（3）环中：髋结节上端与臀端连线中点的肌沟中是穴。左右侧各一穴。

（4）大胯：股骨中转子前下方凹陷处是穴。左右侧各一穴。

（5）小胯：股骨第三转子后下方凹陷处是穴。左右侧各一穴。

（6）邪气：尾根切迹旁开线与股二头肌沟相交处是穴。左右侧各一穴。

（7）汗沟：邪气穴下方四指的股二头肌沟中是穴。左右侧各一穴。

（8）仰瓦：汗沟穴下方四指的股二头肌沟中是穴。左右侧各一穴。

（9）掠草：膝盖骨外下方，膝外、中直韧带之间凹陷处是穴。左右侧各一穴。

（10）阳陵：膝关节外后方，胫骨外髁后上缘凹陷处是穴。左右侧各一穴。

（11）后三里：掠草穴后下方，小腿上部外侧，腓骨小头直下方肌沟中是穴。左右侧各一穴。

（12）肾堂：股部内侧，膝关节水平线的隐静脉上是穴。左右侧各一穴。

（13）后海：肛门与尾根之间的凹陷处。一穴。

（14）尾根：尾根背侧，第一、第二尾椎棘突之间，在活动尾根时出现的凹陷处。一穴。

（15）尾本：尾根腹侧正中，距尾根四指的尾静脉上。一穴。

（16）尾尖：尾尖顶端。一穴。

（四）分析讨论

（1）马常用穴位的取穴方法有几种？

（2）马常用穴位的主治是什么？

二、牛常用穴位的取穴法

（一）目的

掌握牛常用穴位的准确位置及取穴方法，以便准确定位，为临床应用奠定基础。

（二）准备

1. 动物　牛。

2. 主要器材　针具、保定架、牛针灸穴位挂图及模型。

(三) 方法和步骤

1. 头颈部穴位

(1) 山根：主穴在鼻唇镜背侧正中有毛无毛交界处，两副穴在左右鼻孔背角处。共三穴。

(2) 承浆：下唇下缘正中有毛无毛交界处。一穴。

(3) 唇内：上唇内面，正中线两侧约 2cm 的上唇静脉上。左右侧各一穴。

(4) 锁口：口角后上方约 2cm 口轮匝肌外缘处。左右侧各一穴。

(5) 开关：颊部咬肌前缘，最后一对臼齿稍后方。左右侧各一穴。

(6) 顺气：位于口内上腭嚼眼处，即硬腭前部切齿乳头两旁的鼻腭管开口处。左右各一穴。

(7) 通关：口内舌底腹面，舌系带前端两侧的舌下静脉上。左右各一穴。

(8) 鼻中：两鼻孔下缘连线中点。一穴。

(9) 鼻俞：鼻梁两侧，鼻孔上方 4.5cm 处。左右侧各一穴。

(10) 三江：内眼角下方约 4.5cm 处的眼角静脉分叉处。左右侧各一穴。

(11) 睛俞：位上眼眶的正中，即眶上突下缘正中，针刺眼睑与眶上突之间。左右各一穴。

(12) 睛明：内眼角外侧，两眼角内、中 1/3 交界处的下眼睑上。左右各一穴。

(13) 太阳：外眼角后方的颞窝中。左右各一穴。

(14) 耳尖：耳背侧，距耳尖 3cm 处的耳静脉上。左右各一穴。

(15) 天门：位于两角根连线正中后方的凹陷中，即枕骨外结节与寰椎之间凹陷处。正中一穴。

(16) 耳根：耳根后方凹陷内。

(17) 通天：两内眼角连线正中上方 6～8cm 处。一穴。

(18) 颈脉（鹘脉）：颈静脉沟上、中 1/3 交界处的颈静脉上。左右侧各一穴。

2. 前肢穴位

(1) 轩堂：鬐甲两侧，肩胛软骨上缘正中。左右肢各一穴。

(2) 膊尖：位肩前部，肩胛骨前角与肩胛软骨连接处的凹陷中。左右各一穴。

(3) 膊栏：肩胛骨后角与肩胛软骨连接处的凹陷中。左右各一穴。

(4) 肩井：肩关节部，臂骨大结节直上的凹陷处。左右各一穴。

(5) 抢风：臂骨三角肌隆起背侧的凹陷中。左右各一穴。

(6) 肘俞：臂骨外上髁与肘突之间的凹陷中。左右肢各一穴。

(7) 夹气：位于腋窝内，刺入肩胛下肌与下锯肌间的疏松结缔组织内。左右各一穴。

(8) 腕后：腕关节后边正中，副腕骨与指浅屈肌腱之间的凹陷中。左右肢各一穴。

(9) 膝眼：腕关节背外侧下缘，腕桡侧伸肌腱与指总伸肌腱之间的陷沟中。左右肢各一穴。

(10) 膝脉：前肢内侧，副腕骨下方 6cm 处的掌心浅内侧静脉上。左右肢各一穴。

(11) 前缠腕：位掌部，球节上方，指深屈肌腱与骨间中肌肉。每肢左右各一穴。

(12) 涌泉：前肢蹄叉正中，第三、四指的第一指节骨中部背侧面。左右各一穴。

（13）前蹄头：前肢蹄叉上缘两侧，有毛与无毛交界处。每肢内外侧各一穴。

3. 躯干及尾部穴位

（1）胸堂：胸骨两旁，胸外侧沟下部的臂头静脉上。左右各一穴。

（2）三台：背中线上，第三、四胸椎棘突间。一穴。

（3）丹田：第一、二胸椎棘突间的凹陷中。一穴。

（4）苏气：背中线上，第八、九胸椎棘突间。一穴。

（5）安福：第十、十一胸椎棘突顶端的凹陷中。一穴。

（6）天平：最后胸椎与第一腰椎棘突间的凹陷中。一穴。

（7）后丹田：第一、二腰椎棘突间的凹陷中。一穴。

（8）命门：第二、三腰椎棘突间的凹陷中。一穴。

（9）安肾：第三、四腰椎棘突间的凹陷中。一穴。

（10）百会：腰部背侧正中线上，腰荐十字部，即最后腰椎与荐椎之间接合部。一穴。

（11）通窍：倒数第四、五、六、七肋间，髂骨翼上角水平线处的髂肋肌沟中。左右侧各一穴。

（12）肺俞：倒数第五、六、七、八任一肋间与肩、髋关节连线的交点处。左右侧各一穴。

（13）六脉：倒数第一、二、三肋间，髂骨翼上角水平线处的髂肋肌沟中。左右侧各三穴。

（14）脾俞：倒数第三肋间，背最长肌与髂肋肌之间的肌沟中。左右各一穴。

（15）食胀：左侧倒数第二肋间与髋关节下角水平线相交处。一穴。

（16）关元俞：最后肋骨后缘与第一腰椎横突顶端间，在背最长肌与髂肋肌之间的肌沟中。左右侧各一穴。

（17）肷俞：左侧肷窝处，即肋骨后、腰椎下与髂骨翼前形成的三角区内。左侧一穴。

（18）肾俞：百会穴旁开 6cm 处。左右侧各一穴。

（19）穿黄：胸前，腹正中线旁开 1.5cm 处。一穴。

（20）带脉：肘后 10cm 的胸外静脉上。左右侧各一穴。

（21）滴明：脐前约 15cm，腹中线旁开约 12cm 处的腹壁皮下静脉上。左右侧各一穴。

（22）云门：肚脐旁开 3cm 处。左右侧各一穴。

（23）阳明：乳头基部外侧。每个乳头一穴。

（24）阴俞：肛门与阴门（♀）或阴囊（♂）中间的中心缝上。一穴。

（25）后海：肛门与尾根之间的凹陷中。一穴。

（26）尾本：位尾的腹侧，尾根后约 6cm 处的尾静脉上。一穴。

（27）尾尖：尾尖腹侧，下有尾静脉。一穴。

4. 后肢穴位

（1）居髎：髋关节后下方，臀肌下缘的凹陷中。左右肢各一穴。

（2）环跳：髋关节前上缘，股骨大转子前方，臀肌下缘的凹陷中。左右肢各一穴。

（3）大转：髋关节前下缘，股骨大转子正前方约 6cm 处的凹陷中。左右肢各一穴。

（4）大胯：髋关节上缘，股骨大转子正上方 9～12cm 处的凹陷中。左右肢各一穴。

（5）小胯：髋关节下缘、股骨大转子正下方约 6cm 处的凹陷中。左右肢各一穴。

（6）邪气：股骨大转子和坐骨结节连线与股二头肌沟相交处。左右肢各一穴。

（7）仰瓦：汗沟穴下 12cm 处的同一肌沟中。左右肢各一穴。

（8）肾堂：后肢股内侧的皮下隐静脉上。左右肢各一穴。

（9）掠草：膝关节下缘稍外方，膝外、中直韧带之间的凹陷中。左右肢各一穴。

（10）阳陵：膝关节后方，胫骨外髁后上方的凹陷中。左右肢各一穴。

（11）后三里：胫骨外髁下方凹陷处，即趾外侧伸肌和第三腓骨肌的肌沟中。左右肢各一穴。

（12）后缠腕：球节上方的趾屈肌腱与骨间中肌之间的凹陷处。每肢内外各一穴。

（13）滴水：后肢蹄叉正中，第三、四指的第一指节骨中部背侧面。左右各一穴。

（14）曲池：跗关节背侧稍偏外，中横韧带下方，趾长伸肌外侧的跖外侧静脉上。左右肢各一穴。

（四）分析讨论

（1）牛常用穴位的取穴方法有几种？

（2）牛常用穴位的主治是什么？

三、猪常用穴位的取穴法

（一）目的

掌握猪常用穴位的准确位置及取穴方法，以便准确定位，为临床应用奠定基础。

（二）准备

1. 动物　猪。

2. 主要器材　针具、保定架、猪针灸穴位挂图及模型。

（三）方法和步骤

1. 头颈部穴位

（1）天门：后脑窝正中，两耳根后缘连线的中点处。一穴。

（2）耳尖：耳廓背面，距耳尖约一指处的三条耳大静脉支上。每耳任取一穴。

（3）山根：吻突上缘弯曲部第一条皱纹上。正中及两侧旁开 1.5cm 处各一穴，共三穴。

（4）开关：口角后方，从外眼角向下引一垂线与口角延长线相交处。左右侧各一穴。

（5）玉堂：口内，上腭第三棱正中旁开 0.5cm 处。左右侧各一穴。

2. 躯干部穴位

（1）大椎：第一胸椎与最后颈椎棘突之间，肩胛骨前缘的延长线与背中线相交处的凹陷中。一穴。

（2）苏气：第四、五胸椎棘突间，肘突向背中线作垂线，其交点是穴。一穴。

（3）断血：在背腰正中线上，最后肋骨与第一腰椎棘突间是其中穴，在其前后各一个凹陷中再取其余两穴。共三穴。

（4）百会：由荐椎向前触按，在腰荐结合部的凹陷中取之。一穴。

（5）肾门：第三、第四腰椎棘突间凹陷中，即由百会穴向前数的第三个凹陷中是穴。一穴。

（6）脾俞：六脉的第二穴，即倒数第二肋间，髂骨翼上角水平线上。左右侧各一穴。

（7）关元俞：最后肋骨后缘，与六脉穴同高位处是穴。左右侧各一穴。

（8）肺俞：倒数第六肋间，与肩端至臀端连线相交处是穴。左右侧各一穴。

（9）阳明：最后两对乳头基部外侧旁开约 1.5cm 处是穴。左右侧各两穴。

（10）尾尖：在尾梢尖部取之。一穴。

（11）后海：在尾根下，肛门上的隐窝中。一穴。

（12）肛脱：肛门两侧旁开 1cm 处。左右侧各一穴。

3. 前肢部穴位

（1）抢风：肩端与肘骨头连线的中点凹陷中是穴。左右侧各一穴。

（2）前缠腕：前肢内外悬蹄侧面稍上方的凹陷中。左右前肢各两穴，共四穴。

（3）涌泉：在蹄叉正上方约 1.5cm 的凹陷中是穴。左右前肢各一穴。

（4）前蹄叉：前蹄叉正上方顶端处。左右前蹄各一穴。

4. 后肢部穴位

（1）后三里：膝盖骨外侧后下方约 6cm 处的凹陷中是穴。左右后肢各一穴。

（2）后缠腕：后肢内外悬蹄侧面稍上方的凹陷中。左右后肢各两穴，共四穴。

（3）滴水：在蹄叉正上方约 1.5cm 的凹陷中是穴。左右后肢各一穴。

（4）后蹄叉：后蹄叉正上方顶端处是穴。左右后蹄各一穴。

（四）分析讨论

（1）猪常用穴位的取穴方法有几种？

（2）猪常用穴位的主治是什么？

四、犬常用穴位的取穴法

（一）目的

掌握犬常用穴位的位置和取穴方法，以便准确定位，为临床应用奠定基础。

（二）准备

1. 动物　犬。

2. 主要器材　针具、保定用具、犬针灸穴位挂图及模型。

（三）方法和步骤

1. 头部穴位

（1）分水：上唇唇沟上 1/3 与中 1/3 交界处。一穴。

（2）山根：鼻背正中，有毛与无毛交界处。一穴。

（3）三江：内眼角下的眼角静脉处。左右侧各一穴。

（4）睛明：内眼角上下眼睑交界处。左右眼各一穴。

(5) 耳尖：耳廓尖端背面脉管上。左右耳各一穴。
(6) 天门：头顶部枕骨后缘正中。一穴。

2. 前肢穴位

(1) 肩井：肩峰前下方的凹陷中。左右侧各一穴。
(2) 肩外俞：肩峰后下方的凹陷中。左右侧各一穴。
(3) 抢风：肩外俞与肘俞间连线的上 1/3 与中 1/3 交界处。左右侧各一穴。
(4) 郗上：肩外俞与肘俞间连线的下 1/4 处，肘俞穴前上方。左右侧各一穴。
(5) 肘俞：臂骨外上髁与肘突间的凹陷中。左右侧各一穴。
(6) 四渎：臂骨外上髁与桡骨外髁间前方的凹陷中。左右侧各一穴。
(7) 前三里：前臂外侧上 1/4 处，腕外屈肌与第五指伸肌间。左右侧各一穴。
(8) 外关：前臂外侧下 1/4 处，桡骨与尺骨的间隙中。左右侧各一穴。
(9) 内关：前臂内侧，与外关相对的前臂骨间隙中。左右侧各一穴。
(10) 阳辅：前臂远端正中，阳池穴上方 2cm 处。左右侧各一穴。
(11) 阳池：腕关节背侧，腕骨与尺骨远端连接处的凹陷中。左右侧各一穴。
(12) 膝脉：第一腕掌关节内侧下方，第一、第二掌骨间的掌心浅静脉上。左右侧各一穴。
(13) 涌泉：第三、四掌（跖）骨间的掌（跖）背侧静脉上。每肢各一穴。
(14) 指（趾）间：掌（趾）、指（趾）关节缝中皮肤皱褶处。每肢三穴，共十二穴。

3. 躯干及尾部穴位

(1) 大椎：第七颈椎与第一胸椎棘突之间。一穴。
(2) 陶道：第一、二胸椎棘突之间。一穴。
(3) 身柱：第三、四胸椎棘突之间。一穴。
(4) 灵台：第六、七胸椎棘突之间。一穴。
(5) 命门：第二、三腰椎棘突之间。一穴。
(6) 百会：第七腰椎棘突与荐骨间。一穴。
(7) 二眼：第一、二背荐孔处。每侧各二穴。
(8) 尾根：最后荐椎与第一尾椎棘突间。一穴。
(9) 尾本：尾根部腹侧正中血管上。一穴。
(10) 尾尖：尾末端。一穴。
(11) 后海：尾根与肛门间的凹陷中。一穴。
(12) 肺俞：倒数第十肋间，距背中线 6cm 处凹陷中。左右侧各一穴。
(13) 肝俞：倒数第四肋间，距背中线 6cm。左右侧各一穴。
(14) 脾俞：倒数第二肋间，距背中线 6cm。左右侧各一穴。
(15) 肾俞：第二腰椎横突末端相对的髂肋肌肌沟中。左右侧各一穴。
(16) 关元俞：第五腰椎横突末端相对的髂肋肌肌沟中。左右侧各一穴。
(17) 天枢：脐眼旁开 3cm。左右侧各一穴。
(18) 中脘：剑状软骨与脐眼之间正中处。一穴。

4. 后肢穴位

(1) 环跳：股骨大转子前方。左右侧各一穴。
(2) 后三里：小腿外侧上 1/4 处，胫腓骨间隙中，距腓骨头腹侧约 5cm 处。左右侧各一穴。

(3) 解溪：胫骨内侧与胫跗骨间的凹陷中。左右侧各一穴。

(4) 肾堂：股内侧隐静脉上。左右侧各一穴。

(四) 分析讨论

(1) 犬常用穴位的取穴方法有几种？

(2) 犬常用穴位的主治是什么？

五、白针疗法

(一) 目的

(1) 掌握白针（毫针、圆利针、小宽针）的操作方法。

(2) 体验与观察针感反应。

(二) 准备

1. **动物** 马，牛。

2. **主要器材** 毫针、圆利针、小宽针。

(三) 方法和步骤

1. 针前准备

(1) 针具检查：按不同穴位选择适当针具，并检查有无生锈、弯裂、卷刃、针锋不利、针尾松动等，发现问题，及时修理或废弃。

(2) 消毒：穴位剪毛后用碘酊消毒，针具和刺手用酒精消毒。

(3) 保定患畜。

2. 切穴法 切穴的手叫押手，一般用左手切穴，穴位不同切穴方法不同。

(1) 切押法：用左手拇指尖切押穴位皮肤，右手持针，使针尖沿押手拇指甲前缘刺入。

(2) 舒张法：用左手拇、食指按压穴位皮肤上，并向两侧撑开，使穴位皮肤紧张，以利进针。穴位皮肤松弛时用此法。

(3) 夹持法：用左手拇、食指将穴位皮肤捏起，针尖从侧面刺入，如锁口穴。

3. 持针法 刺穴的手叫刺手，一般用右手持针刺穴。

(1) 毫针持针法：因其细而长，易弯易颤，持针时，用刺手的拇指、食指捏针柄，中指和无名指护住针身或用拇、食、中指捏握针柄，捻转进针。长毫针可用拇、食、中三指捏针尖部，留出适当深度，先将针尖刺入皮肤，再持针柄捻转进针。

(2) 全握式持针法：此法持针有力，用于圆利针、小宽针或大宽针，即用拇指、食指捏持针尖，留出适当深度，其余三指握针身，并将针尾抵于手心中。

(3) 持笔式持针法：用拇、食、中三指握针尾，中指尖抵按针身以控制入针深度。

4. 进针法

(1) 捻转进针法：左手切穴，右手持针，针尖刺入皮肤，左右捻转刺入所需深度。此法用于毫针进针，如因皮厚针细不易进针时，可先将 14～16 号短针头刺入穴位，再把毫针沿针头孔刺入。

（2）急刺进针法：圆利针、小宽针多用此法，即用轻巧而敏捷的手法，将针快速刺入穴位。

（3）飞针法：圆利针、小宽针可用，实属急刺法。其特点是不用切手，以刺手点穴并施针，辅助动作多，进针速度快，能分散患畜注意力，减少刺皮痛，故入针完毕患畜安然不动或稍有回避。多用于不老实的患畜。

5. 运针法　运针是针刺入穴位后，为了增强针感，而运动针体的方法，仅应用于毫针和圆利针。临床常用的运针手法有：提、插、捻、搓、捣、颤、拨等。

（1）提：将针向外、向浅拔谓之提。

（2）插：将针向内、向深扎谓之插。

（3）捣：快速连续提插谓之捣。

（4）捻：左右捻转针身谓之捻

（5）搓：单向捻针谓之搓。

（6）颤：留针期间，用指弹击针尾使针颤抖谓之颤。

（7）拨：手捻针柄摆动穴内的针尖谓之拨。

6. 留针　将针留在穴内一定时间。

7. 退针　又称拔针或起针，有两种方法。

（1）捻转退针法：押手轻按穴位皮肤，刺手握针柄捻转退出。

（2）抽拔退针法：刺手握针柄迅速拔出。

8. 针刺角度　指针体与穴位皮肤平面所构成的角度，由针刺方向所决定。

（1）直刺：针体与穴位皮肤呈90°角垂直刺入。

（2）斜刺：针体与穴位皮肤呈45°角刺入。

（3）平刺：针体与穴位皮肤呈15°角沿皮刺入。

9. 针刺深度　不同穴位要求不同深度，但火针穴位施毫针可适当深些。

10. 针穴举例

（1）毫针睛俞穴：左手切穴，下压眼球，右手持针，以捻转进针法，斜向后上方刺入6cm，留针不运针，捻转退针。

（2）毫针脾俞穴：入针4～6cm，捻转运针或搓针，观察针感——肌肉收缩、颤抖、凹腰、举尾。

（3）小宽针急刺抢风穴：不留针或留针不捻针。

（4）圆利针飞针百会穴：针法见前飞针法。

（四）分析讨论

（1）何谓得气？如何体验针感？

（2）针穴中个人有何体会？

六、血针疗法

（一）目的

（1）掌握宽针和三棱针的使用方法。

（2）掌握血针不同穴位的术式。

（二）准备

1. 动物 马和牛。

2. 主要器材 大宽针、中宽针、小宽针、三棱针、玉堂钩、针槌、针杖。

（三）方法和步骤

1. 术前准备 患畜根据施针要求进行保定，施针穴位剪毛、消毒。

2. 三棱针刺血法 多用于体表浅刺，如三江、大脉穴；口腔内穴位，如通关、玉堂穴等。针刺时右手拇、食、中指持针，使针尖露出适当长度，呈垂直或水平方向，用针尖刺破血管，起针后不要按闭针孔，让血液流出，待达到适当的出血量后，用酒精棉球轻压穴位，即可止血。

3. 宽针刺血法

（1）手持针法：以右手拇、食、中指持针体，根据所需的进针深度，留出针尖一定长度，针柄抵于掌心内，进针时动作要迅速、准确。使针刃一次穿破皮肤及血管，针退出后，血即流出。针刺缠腕、曲池等穴位时常用此法。

（2）针槌持针法：先将宽针夹在槌头锯缝内，针尖露出适当长度，推上槌箍，固定针体。施针时，术者手持槌柄，挥动针槌使针刃顺血管刺入，随即出血。针胸堂、肾堂、蹄头等穴位常用此法。

（3）手代针槌持针法：以持针手的食、中、无名指握紧针体，用小指的中节放在针尖的内侧，抵紧针尖部，拇指抵押在针体的上端，使针尖露出所需刺入的长度。挥动手臂，使针尖顺血管刺入，血随即流出。

4. 泻血量的掌握 血针的泻血量直接影响治疗效果。泻血量的多少应根据患畜的体质强弱、疾病的性质、季节气候及针刺穴位来决定。一般膘肥体壮的病畜放血量可大些，瘦弱体小病畜放血量宜小些；热证、实证放血量应大；寒证、虚证可不放或少放；春、夏季天气炎热时可多放；秋、冬季天气寒冷时宜不放或少放；体质衰弱、孕畜、久泻、大失血的病畜，禁忌施血针。施血针后，针孔要防止水浸、雨淋，术部宜保持清洁，以防感染。

5. 常用穴位举例

（1）三江：术者面向马头站于病马左前方，左手拇指按压脉管，或轻弹脉管使之怒张，右手持三棱针，于血管汇集处下方沿血管平刺，入针 0.5～1cm，出血。低头保定可增加出血量。

（2）玉堂：保定马头，术者以弓箭步站于马头左侧，左手拇指顺口角伸入，顶住上腭，另四指紧压鼻梁，则马口张开；右手持三棱针或小宽针，或用玉堂钩，平刺 0.5cm，出血。刺后可以左手拇指向切齿方向捋压数次，以保证出血。

（3）通关：保定畜头，术者站于病畜头部左侧，左手食、中、无名指并拢，顺口角伸入口内，将舌拉出并翻转舌体，食指屈曲顶住舌面，其他四指紧握舌体两侧，使静脉管显露，右手持三棱针，平刺 0.5cm，出血。

（4）颈脉：高系马头，以细绳活扣紧扎于穴下颈部，使脉管怒张；将大宽针装于针槌上，术者站于病畜头侧左前方，左手抓笼头，令头稍偏右侧，右手持针槌，摆动槌柄数次，使针刃对准穴位，急刺0.5cm，出血。放够血量，左手执绳端急拉，松脱颈绳，右手猛拍畜背，并叫醒病畜，血立即止住。

（5）胸堂：高系马头，使穴位皮肤舒展，脉管显露；术者将大宽针装于针槌上，半蹲式站于病畜患肢肩侧，一手握鬐甲部鬃毛，一手持针槌，使持槌的臂肘紧贴自己胸侧，靠腕力摆槌急刺0.5cm，出血。放血后，松系马头，即可止血。

（6）缠腕：助手提举健肢，术者左手按穴，右手持三棱针或小宽针，沿血管平刺0.5cm，出血。如该部有软肿（滑膜炎），可直刺软肿，放出积液。本穴可一针刺透内、外缠腕两次，即令助手提举患肢，术者左手拇、食指紧按内、外两侧穴位，右手持小宽针于筋前骨后静脉管处直刺，一针急透二穴，出血。

（7）蹄头：病畜站立保定，术者将大宽针装于针槌上，手持针槌站于病畜前肢右侧，以弓箭步弓身向下，左手按定马体，右手运槌轻手急针，先刺左肢前蹄头，再刺右肢前蹄头。针后蹄头时，术者站于病畜后肢右侧，左手推按雁翅骨尖，弓身向下，右手运槌轻针急刺，先针左肢后蹄头，再针右肢后蹄头。若用针仗针刺蹄头穴则更为方便安全。

（8）带脉：病马保定，术者以侧身步站于病马肩侧左方，面向畜体后方，左手按鬐甲，右手持大宽针或中宽针，食指中节横压穴位前方，使血脉怒张，然后急刺进针，出血。也可用针槌急刺。

（9）肾堂：提举健后肢保定，术者以弓箭步站于病马健肢股部，一手握尾根，一手持大宽针，向上斜刺脉管，出血。或站于马体后方，一手拉马尾，一手以装有中宽针的针槌急刺脉管，出血。

（10）尾本：固定两后肢保定，术者站于病畜左侧后方，左肘抵压髋结节，左手提举尾根，右手持中宽针或小宽针，向上沿血管急刺，撒尾血即出，举尾血不流。

（四）分析讨论

（1）血针疗法的作用原理有哪些？

（2）各个常用的血针穴位主治是什么？

（3）血针操作中的个人体会如何？

七、火针疗法

（一）目的

掌握火针疗法的缠针、烧针和针刺方法，为临床应用奠定基础。

（二）准备

1. 动物　马，牛。

2. 主要器材　各种型号火针。

（三）方法和步骤

1. 烧针法

（1）缠裹烧针法：用棉花将针尖及针体一部分缠裹成梭形，内松外紧，或用一些小布块叠穿于针尖及部分针体上，然后浸透植物油（一般用普通食油），点燃烧针体，针尖向上并不断转动，使其受热均匀。待油尽火将熄时，用镊子夹去棉花（或小布片）残余灰烬，即可进针。

（2）直接烧针法：用植物油灯或酒精灯的火焰，直接烧热针尖及部分针体，而后立即刺入穴位。

2. **针刺法**　烧针前预先选好穴位，一般选定 3～4 穴，经剪毛消毒，用碘酊或甲紫标记穴位，待火针烧透后，左手按穴，右手拇、食、中三指执针身尾端，迅速去掉棉灰，急刺穴中，进针深度根据穴位而定。一般可留针 5～10min，也可不留针。

3. **起针法**　起针时，轻轻捻转针身，即可将针拔出。针孔需用碘酊棉球消毒，外敷消炎膏、胶布或贴膏药均可，敷以薄棉以火棉胶封闭则更好。术后应加强护理，防止摩擦啃咬及雨水淋烧针孔，以防感染（若发生针孔化脓，应及时行外科处理）。火针后经 7～10d 后，才可行第二次扎针，二次选穴不宜重复上次已用过的穴位。

4. **火针穴位**　基本与白针穴位相同，但应注意避开血管，常用的有颈上九委、膊上八穴、胯上八穴、腰间七穴等。

（四）临床应用

火针治疗马后肢风湿症。

（1）穴位选择：

邪气：尾根切迹旁开线与股二头肌沟相交处是穴。

掠草：膝盖骨外下方，膝外、中直韧带之间凹陷处是穴。

阳陵：膝关节外后方，胫骨外髁后上缘凹陷处是穴。

后三里：掠草穴后下方，小腿上部外侧，腓骨小头直下方肌沟中是穴。

（2）操作方法：按照上面介绍的烧针法、针刺法、起针法进行操作，在针刺中火针直刺邪气穴 4.5cm，斜向后上方刺入掠草穴 3～4.5cm，直刺阳陵穴 3cm，斜向下方刺入后三里穴 2～4cm。

（3）观察结果：观察治疗后的结果并逐一记录。

（五）分析讨论

（1）谈谈个人实习火针操作法的体会。

（2）火针的作用原理是什么？

八、巧 治 法

（一）目的

掌握抽筋、气海、姜牙、弓子、夹气、垂泉、肷俞、前槽、莲花、滚蹄等穴位的巧治方法。

（二）准备

1. **动物**　牛、马。

2. **主要器材**　三角刀、月牙刀、三弯针、三棱针、抽筋钩、姜牙钩、导气管、注射器、针头。

（三）方法和步骤

1. **抽筋穴针术**（用以治疗马低头难的一种方法）　站立保定，夹住下唇，头部妥善保定。术部消毒。一手拉紧上唇，另一手持三角刀顺穴位切开皮肤 1.2～1.5cm，或以大宽针刺破穴位皮肤，然后将抽筋钩插进切口内，钩出上唇提肌腱，反复牵引数次，拿去钩针，前拉上唇，上唇提肌腱自然缩回。必要时，消毒缝合。

2. **气海穴针术**（用以治疗马鼻孔狭窄、呼吸不畅的方法）　站立保定，头与顶平。左手握好鼻孔，用一木棒塞入鼻孔 6cm，并与鼻上缘紧贴，右手持月牙刀，自下而上割开 3～4.5cm 的切口（驴弯、马直），或以术者的食、中指插入鼻腔，并伸直叉开，即将穴位皮肤撑展，以手术剪由下而上剪开。手术时切勿伤骨，否则流血不止。割鼻后每天用新鲜洁净水冲洗刀口一次，以防愈合，待两侧伤口长好为止。

3. **姜牙穴针术**（用以治疗马冷痛）　站立保定，夹住上唇。针左侧穴时，鼻捻子向右侧歪。针右侧时鼻捻子向左侧歪，姜牙骨尖则突起。固定姜牙基部，用大宽针割开皮肤。再用姜牙钩钩出鼻翼软骨割去尖部，或以大宽针刺入姜牙骨中挑拨数次即可。

4. **弓子穴针术**（用以治疗牛、马肩膊肌肉萎缩、肩膊麻木、脱膊等疾患）　站立保定。穴位剪毛消毒。提起穴部皮肤，用大宽针刺破之，以消毒纱布盖住针孔，术者连同纱布捏起周围皮肤，向外牵拽数次后再捏紧针孔，由针孔向肘头方向推挤气体。如此反复四、五次，则肩部皮下组织，充满气体。最后封闭针孔。进气方式，还可用注射器注入，为净化空气，在注射针头裹一酒精棉球，抽动针芯，空气通过针头酒精棉而充满注射器，然后通过针孔，将净化的空气注入穴内，直至肩部充满气体为止。

5. **夹气穴针术**（用以治疗牛、马里夹气）　动物站立或横卧保定。术部消毒。先用大宽针刺透术部皮肤。然后用夹气针（光滑面朝里侧）沿针孔向外上方刺入（决不可向内上方刺入，以免刺入胸膛），深达肩臂内部的疏松结缔组织内，也可将大宽针与夹气针尖合并一起穿过穴位皮肤，退出大宽针，再缓缓推进夹气针。在推进夹气针时遇有障碍，切勿强刺，可换一个地方再刺，感到轻松，则继续向前推进，达到一定的深度（一般 24～30cm）后，可以前后摇动患肢数次，也可在退针后再摇动患肢。术后消毒，注意护理。

6. **垂泉穴针术**（用以治疗牛、马漏蹄）　前蹄漏，可由助手提举固定患肢；后蹄漏，可用二柱栏保定，患肢后方转位固定。以利刀割剜患部，排除脓血异物，用酒洗净，再以头发油炸炭或血竭粉或烟丝填塞其孔，黄蜡封口，垫薄铁片钉掌护之。厩舍保持清洁干燥，勿涉水或驻立泥中。

7. **臁俞穴针术**（用以治疗牛、马肚胀）　站立保定。术部剪毛消毒，用大宽针将皮肤切一小口，略上移皮肤，插入套管针，并固定之，拔出针芯，即有气体排出，为防止虚脱，应控制针口，使气体缓缓排出，待气体排完后，插针芯于套管内，一手压住术部，一手缓缓拔出套管针，消毒，火棉胶封口。

8. **前槽穴针术**（用以治疗胸水和脓胸）　站立鼻捻保定。术部剪毛消毒。提起穴部皮肤，用大宽针刺入皮肤，将套管针顺针孔刺入胸内，抽出针芯，使胸水或脓缓缓流出，胸水流出一定量时，则将针芯插入套管内，一并拔出。若是脓胸，还可做适当冲洗。

9. 莲花穴针术（用以治疗脱肛症） 两后肢8字形保定。排除直肠积粪。用2%明矾水冲洗脱出的直肠（莲花），然后以三棱针或小宽针散刺莲花，或用剪刀除去坏死黏膜，并用适量明矾水揉擦，挤出水肿液，缓缓送回肛门内。如整复后继续脱出时，可在肛门周围做一荷包缝合，必要时内服缓泻药或补中益气汤。

10. 滚蹄穴针术（用以治疗滚蹄） 横卧保定，患肢靠近地面，系部前面贴近木桩，用绳套在蹄枕上部，插以木棍，将木棍一端扎于木桩上，术者用小腿顶紧另一端；以大宽针顺屈腱侧方切一小口，将针平行深入至屈腱下方，达腱的1/3处，由内向外划动切割，切断约1/3，此时术者小腿用劲顶紧木棍，尽量使球节伸直，同时可听到"咯嘣"一声，即可使滚蹄矫正。最后消毒，扎上绷带，装上矫形的蹬状蹄铁。

（四）观察结果

观察巧治后的反应和疗效。

（五）分析讨论

（1）巧治中应该注意哪些问题？

（2）巧治中个人有什么体会？

九、电针疗法

（一）目的

通过实验掌握电针的操作方法，为临床应用奠定基础。

（二）准备

1. 动物 马、牛、猪。

2. 主要器材 兽用电疗机、圆利针、毫针。

（三）方法和步骤

（1）将患畜保定，根据病证选定2～4个穴位，剪毛消毒，先按毫针针法刺入穴位，使之出现针刺反应。

（2）将电疗机的正负极导线分别夹在针柄上，当确认输出调节在刻度"0"时，再接通电源。

（3）频率调节由低到高，输出档由弱到强，逐渐调到所需的强度，以患畜能接受治疗为准。通电时间一般为15～30min，也可根据需要适当延长。

（4）在治疗过程中，为避免患畜对电刺激的适应，可适当加大输出；也可随时调整电疗机使输出和频率不断变化；也可每数分钟停电一次，然后继续通电。最后结束时，频率调节应该由高到低，输出由强到弱。

（5）完成一次治疗时，应先将输出频率旋钮调至刻度"0"后，再关闭电源，接着除去金属夹，退出针具，消毒针孔。

（6）一般每日或隔日施针1次，5～7日为一疗程，每个疗程隔3～5日。

（四）临床应用

1. 电针治结

（1）操作方法：将患畜保定，选取双侧关元俞为一穴组，穴部剪毛消毒，针具消毒。左手切穴，右手持针，与穴位皮肤垂直刺入 6～8cm；然后在两个针柄分别接上正负两极电源，打开电疗机的电源开关，调节电压和频率，就可以见到患畜的腹壁出现和电流频率相一致的节律性震动。在通电治疗过程中，电压要逐渐由低到高，频率逐渐由慢到快，一般加高电压要同时加快频率，但也可加大电压不加快频率。电压由低到高，频率由慢到快，当见到动物全身出现强烈颤动或几秒钟强直时，再将电压逐渐降低，频率逐渐减慢。此期间需持续 10min 左右，如此反复 2～3 次即可。最后关闭电源，去掉导线，起针、穴位消毒。

（2）观察结果：将治疗后肠音、排粪等出现时间做好记录。

2. 电针治疗母畜不孕症

（1）选穴：子宫弛缓，主穴为后海，配穴为百会、雁翅。卵泡囊肿，主穴为肾棚，配穴为雁翅、肾俞。卵巢静止，双侧雁翅穴。持久黄体，双侧雁翅穴。

（2）操作方法：将患畜保定，在选定的穴位上进行剪毛、消毒、进针。然后将电疗机的正负极导线分别夹在针柄上，将输出调节到刻度为“0”位时，接通电源，调节频率由低到高，输出由弱到强，逐渐调到所需强度。通电时间 15～30min。完成治疗时，应先将输出和频率旋扭调至刻度“0”处，关闭电源，除去金属夹，拔除毫针，消毒针孔。每日或隔日一次，5～7 日为一疗程，每个疗程间隔 3d。

（3）观察结果：将治疗前与治疗过程所观察到的外部发情表现及直肠检查卵巢形状、大小，卵泡及黄体的大小和数目，以及子宫的变化做好记录。

（五）分析讨论

（1）电针疗法的作用原理是什么？

（2）电针操作中个人有何体会？

十、水针疗法

（一）目的

通过实验学会水针疗法的操作技术。

（二）准备

1. **动物** 马、牛、猪、羊。
2. **药物** 5%～10%葡萄糖溶液、0.5%～2%盐酸普鲁卡因、中药注射液、抗生素类药物。
3. **主要器材** 注射器、封闭针头、毛剪等。

（三）方法和步骤

1. 注射部位的选择

（1）穴位注射：除血针穴位外，一般毫针穴位均可使用。可根据不同的病证，选用不同的主治穴位。例如前肢上部疾病，常在抢风穴注射；腰背部疾病，可选腰背两侧的穴位注射。

（2）痛点或敏感点注射：选用循经络分布所触到的敏感点，或根据触压诊断找出患畜软组织损伤处的压痛点进行注射。

（3）患部肌肉起止点注射：对一般痛点不明显的慢性腰肢疾病的患畜，可在患部肌肉起止点进行注射，注射深度要达到骨膜和肌膜之间。

2. 药物的用量 药物用量的多少，可根据肌肉厚薄而定，如肌肉较厚的部位，用量较多；肌肉较薄的部位，用量适当减少，如每次采用2～3个穴位注射时，每穴可注入20～30mL；如在四肢、头部肌肉较薄部位，每穴可注入10～20mL；头部和耳穴等处一般0.5～2mL即可。

3. 操作方法 保定好患畜，在选好的注射部位剪毛并按照常规进行消毒。根据病证选准药物，按肌肉部位的深浅、药量的多少，选用适宜的注射器和针头，对准穴位或痛点快速刺入。按照针刺的角度和方向要求，刺到一定深度时，上下缓慢提插，也可旋转针体，待达到针感后，用针筒回抽一下，看有无回血。如无出血时，即可将药液慢慢注入，针后消毒针孔。一般药液不宜注入关节腔内，如误注入关节腔内，会引起发热、关节疼痛、红肿和跛行加重，但经2～3d后症状自行消失，一般不需要治疗，必要时可给予对症处理。

4. 疗程 注射后局部常有肿胀、疼痛或体温升高等现象，但经过1d左右即可自行消失，所以隔2、3d注射1次为宜。如需每日注射，应另选其他穴位。每3～5次为一个疗程，必要时可休药3～7d，再进行第二疗程。

（四）临床应用

水针治疗奶牛不孕症。

1. 穴位选择

百会：腰部背侧正中线上，腰荐十字部，即最后腰椎与荐椎之间接合部。一穴。

后海：肛门与尾根之间的凹陷中。一穴。

雁翅：髋结节与背中线所作垂线的中1/3与下1/3交界处。二穴。

2. 操作方法 将奶牛保定，确定百会穴、后海穴、两侧的雁翅穴的位置，局部消毒。每一穴位用一支26号针头皮下刺入，其中百会穴刺入3cm，后海穴和两侧雁翅穴分别刺入6cm，得气后每穴分别注入5%葡萄糖15mL，隔2d注射1次，每3次为一疗程。如需要可在休药5d后进行第二疗程。

3. 观察结果 将治疗前与治疗过程所观察到的外部发情表现及直肠检查卵巢形状、大小，卵泡及黄体的大小和数目，以及子宫的变化逐一记录。

（五）分析讨论

（1）水针疗法的作用原理是什么？

（2）水针操作中个人体会如何？

十一、激光针灸疗法

（一）目的

掌握激光针灸穴位治疗家畜常见病的方法，为临床应用奠定基础。

（二）准备

1. **动物** 牛、马、羊、猪。

2. **主要器材** 氦-氖激光治疗机、二氧化碳激光治疗机。

（三）方法和步骤

1. **氦-氖激光治疗机的操作** 应先接通地线，然后再打开电源开关，调节电压转换开关，使输出工作电流达到规定要求，这时激光管起辉，从输出端发出红色光束，待预热一定时间后，便可进行照射。用毕，先将调压旋钮调至零位，再关闭电源。

2. **二氧化碳激光治疗机的操作** 以5W水冷式二氧化碳激光器为例，先将水箱注满常水或蒸馏水，接通地线，然后打开电源开关，指示灯亮，水泵开始工作，使冷却水循环不息，一般2min后，再开动高压开关，调到规定要求，激光管即可起辉，可用小木板或纸片检查光束的输出情况。随后关闭高压开关，改用手控或脚踏开关启动激光，投入使用。用毕，将高压调至零位，关闭电源开关。若在寒冷季节，还应放掉冷却水，以防止水箱和激光管冻裂。

3. **保定** 对患畜进行适当保定。

4. **选穴** 根据不同病症选穴定穴，在穴位上可用蓝墨水或甲紫液标记。例如，大家畜不孕症，选后海穴或阴蒂部；仔猪白痢，选交巢穴；羔羊痢疾，选交巢穴；乳房炎，选滴明穴（脐前约16.7cm，旁开约13.3cm，乳静脉上是穴）、阳明穴（乳头基部外侧）、通乳穴（两乳头中旁开约3.3cm）、阿是穴等；马结症，选关元俞、脾俞、大肠俞、小肠俞等；马翻胃吐草，选脾俞、关元俞、抢风、百会、大胯、小胯等。

5. **治疗方法**

（1）激光针疗法（激光穴位照射疗法）：常用的照射方法有3种，即原光束直接照射法（主要用于穴位照射），经锗透镜散焦（用于照射较大的患部）及导光纤维法（用于不便直接照射的部位，如体腔内等）。照射距离一般为30～100cm，激光束与被照射部位呈垂直角度，使光点准确照射在病变部位或经穴上。每次照射10～15min，一般照射1次或2～3次不等，以治愈为准。通常每天1次，可连续应用，也可间隔2～3d照射1次。可连续照射7次为一个疗程，如不愈，隔2～3d，进行第二疗程。

（2）激光灸疗法（激光穴位烧灼疗法）：二氧化碳激光器输出端对准穴位，距离5～15cm，每穴烧灼3～6s。一般只照射1次，若不愈，隔3d后再烧灼1次。对重症病畜可同时烧灼体躯两侧的同名穴位。如采用扩束照射头，则距离为20～30cm，每一部位辐照5～10min，每日1次，可连续辐照6～7次为一疗程，这属于温灸法。

（四）观察结果

根据临床检查和实验室检测报告，将治疗情况逐一记录。

（五）分析讨论

（1）激光针灸疗法的作用机理是什么？
（2）激光针灸疗法中个人有什么体会？

十二、针刺麻醉

（一）目的

通过实验掌握电针麻醉和激光针麻醉的操作方法，为临床应用奠定基础。

（二）准备

1. 动物 马或牛。

2. 主要器材 兽用麻醉治疗综合电疗机或定量电针治疗针麻仪，8～10mW 或 25～40mW 氦氖激光器，各种毫针若干枚。

（三）方法和步骤

1. 马的电针麻醉

（1）保定与消毒：站立、横卧、仰卧均可。在穴位部剪毛消毒。

（2）取穴与针法：取三阳络穴组。三阳络透夜眼，针体与皮肤呈 15°～20°角，由三阳络穴沿桡骨后缘，斜向内下方夜眼穴方向刺入 10～12cm，以不穿透夜眼，但能触感针尖为度。抢风穴要垂直皮肤刺入 6～10cm。

（3）麻醉方法：先取术部同侧穴位，进行穴位与针体消毒，按针法要求进针，当达到所需深度，采用提插或捻转手法，使家畜产生针感后，在针柄上分别连接电疗电麻机（应先调至麻醉档）的两条输出导线通电，调节频率由低到高，输出电压由小到大。经 3～5min 使电压与频率先后同时调节逐渐达到患畜所能耐受的最大刺激量为止。一般频率在 30～50 次/s，针刺部位由震颤到强直，家畜表现为安静，诱导期通常为 10～20min，此时针刺术部皮肤，测麻醉程度，当针刺皮肤无痛感，神志保持清醒且很安静，即可施行手术。在手术过程中应一直通电，如在切皮及牵拉肠管时，患畜若有反应，则可予加大频率和强度，以保持麻醉效果。在针麻过程中，要注意观察，防止掉针。手术结束后，逐渐将频率与电压旋钮调至“0”位，关闭电源，拔去针具，注意消毒针孔，防止感染。

2. 马的激光针麻醉

（1）保定：手术台侧卧保定，穴位剪毛。

（2）取穴：三阳络（位于前肢桡骨外侧韧带结节下方 2 寸处的肌沟中）和抢风，或百会和肾门。

（3）照射方法：激光输出端与照射的穴位距离为 30cm 左右，照射角度与针刺角度相同，两个穴位同时照射。一般在照射 15min 后开始进入无痛状态，而手术则在照射 30min

后进行。手术过程中应继续照射。

牛的电针麻醉常采用百会腰旁穴组，激光麻醉多用百会肾门穴组。

（四）观察结果

1. **效果判定**　将针刺麻醉效果共分为四级。

（1）优：切开皮肤，分离组织，内脏或患部牵引整复以及缝合等各项操作中，家畜安静，无疼痛反应，或仅有轻微的局部颤动。

（2）良：上述手术操作中，个别环节局部出现颤动或躲闪反应，内脏以患部牵引整复时出现短时间的不安或轻微骚动，但能较顺利地进行手术。

（3）尚可：各项手术操作中，局部出现明显的颤动或躲闪反应，出现多次间歇性的骚动，但手术尚能进行。

（4）失败：各项手术操作中疼痛明显，患畜强烈骚动，手术难以进行。

2. **结果记录**　将电针麻醉和激光针麻醉在手术中的麻醉效果逐一记录。

（五）分析讨论

（1）针刺麻醉的作用机理是什么?

（2）比较电针麻醉和激光针麻醉的效果及优缺点?

十三、艾灸、温熨疗法

（一）目的

了解和掌握常用艾灸和温熨疗法的操作方法。

（二）准备

1. **动物**　牛或马，每组1头（匹）。

2. **药物**　艾绒、艾卷、生姜、大蒜，食醋5kg，70%酒精或白酒0.75L，麸皮7.5～10kg。

3. **器材**　纱布、布袋、麻袋、小盆、50mL注射器、小刷子、火炉、炒锅等。

（三）方法和步骤

1. **艾灸法**　分为艾炷灸和艾卷灸两种，如根据灸后灼伤皮肤的程度可分为无疤痕灸和疤痕灸两种。

（1）艾炷灸：包括直接灸和间接灸两种。

①直接灸：根据病情选择适宜大小的艾炷（枣子大或李子大）直接放在穴位上，点燃艾炷尖，待燃烧到底部、不等燃尽就更换一个艾炷，称为“一壮”。每穴灸5～10壮或更多一些。其补泻手法是，以点燃艾炷令其自灭，按穴者为补，不按穴者为泻。

②间接灸：将厚0.2～0.3cm的生姜片或大蒜片、药物等，刺上小孔，垫在艾炷和穴位之间。其他操作同直接灸。

（2）艾卷灸：根据艾灸的方式和对穴位皮肤灼热程度分为温和灸和雀啄灸两种。

①温和灸：将点燃的艾卷距穴位1.5～3cm处熏烤，每穴连续灸5～10min左右。

②雀啄灸：将点燃的艾卷像雀啄食一样接触一下穴位皮肤、立即拿开，反复操作，每穴灸3～5min。

2. 温熨法　温熨法常用的有醋酒灸和醋麸灸等。

(1) 醋酒灸：俗称火烧战船或背火鞍。将马或牛保定在四柱栏内，用温醋刷湿背腰部被毛，盖上用醋浸湿的双层纱布，洒上70%酒精（或白酒），点燃，醋干加醋，火小用注射器洒酒，勿使纱布烧干，先文火后武火，连续烧30～40min，至马耳根或腋下出汗时，用干麻袋盖压灭火焰，抽出湿纱布，固定麻袋，将动物拴于暖厩，勿受风寒。

(2) 醋麸灸：将一半麦麸放在铁锅内加醋拌炒，加醋的量以手握麦麸成团、放手即散或不全散开为度，炒至麸热40～60℃，趁热马上装入布袋，平搭在腰背部施灸。再用同样方法炒另一半麦麸。两布袋交换使用，稍凉就换，直至马耳后或腋下微汗，除去布袋，盖上干麻袋保暖，勿受风寒。

(四) 分析讨论

艾灸和温熨疗法的操作要点及注意事项、作用原理和适应证如何?

【附】特定电磁波谱（TDP）疗法

(一) 目的

了解和掌握TDP治疗机的性能、使用方法和临床应用范围。

(二) 准备

1. 动物　牛或马，每组1头（匹）。

2. 器材　TDP治疗机，每组1架；毛剪、马耳夹子、牛鼻钳、100℃温度计、六柱栏（或四柱栏）、保定绳等。

(三) 方法和步骤

1. 仪器介绍　特定电磁波谱（简称TDP）治疗机，原是人医使用的理疗仪器，对多种疾病具有疗效广、见效快、操作简便等特点，目前在兽医临床上也广泛应用。82-6型单头或82-2型双头治疗机分为辐射头、支架、电器控制三大部分，其中辐射头上的主要部分为辐射板，该板表面涂有机体所必需的33种元素。

2. 操作

(1) 将动物保定于六柱栏（或四柱栏）内，患部或穴位部剪或不剪毛。将TDP治疗机电源插头插入220V插座内，打开电源开关，工作指示灯亮，表示电源已接通，待照射头有发热感觉，即可根据治疗部位调整治疗机的角度，对准患部或穴位进行照射治疗。

(2) 每天第一次开机时，应预热5～10min，连续治疗则无需预热。新机器第一次使用时，照射头内可能出现短时雾气和轻微响声，这是由于潮气遇热引起的，稍后即可自然消失。

(3) 辐射板距照射体表20～25cm。对移动不定的家畜，采用人工随时移动辐射头的方法控制距离。

(4) 照射时间：每次照射50～60min，若为对称性穴位，两侧穴位各照射1h。体表温度在照射30min后达40～52℃。每天照射1～2次，5～7d为一疗程，疗程之间应有适当的间隔时间。

（四）观察结果

在照射过程中，病畜均有频繁的排尿现象，多数病畜频频排软粪。在照关元俞时，牛的瘤胃蠕动增强，马属动物则肠音增强。对病变局部照射时，有祛瘀活血、消炎止痛之功；对牛的前胃弛缓、胎衣不下，马属动物的肠弛缓、副鼻窦炎等均有效。结合本次实习所选病例，观察记录治疗中病畜的表现。

（五）分析讨论

探讨TDP的作用原理有哪些？

十四、软烧疗法

（一）目的

了解和掌握软烧的操作方法。

（二）准备

1. **动物**　牛或马，每组1头（匹）。

2. **药物**　95％的酒精0.5kg或市售60度白酒1kg，醋椒液（取陈醋1kg，花椒50g，混合煮沸20～30min，待温备用）。

3. **器材**　保定绳、毛刷1把、软烧棒（取圆木棍1根，长40cm，直径1.5cm，一端为手柄，另一端用棉花包裹，外用纱布或绷带包扎，再用细铁丝扎紧，呈圆形或长圆形棉纱球，长约8cm，直径3cm）。

（三）方法和步骤

将动物保定于柱栏内，将健肢向前方或后方转位固定。以毛刷蘸醋椒液将术部周围上下大面积涂刷。将软烧棒的棉纱球先浸醋椒液、拧干，然后喷酒点燃。术者摆动软烧棒，使火焰冲向术部燎烧，先缓慢摆动（文火），待2～3min后，术部皮温逐渐增高，可加快摆动（武火）。在烧灼过程中要不断涂刷醋椒液，以免被毛燃着和患畜因烧痛而过分骚动；并及时向上加酒，使火焰不断。如此治疗持续30～45min。

（四）观察结果

一般在软烧后7～15d跛行减轻或消失，将变化过程详细记入病历。

（五）分析讨论

软烧疗法的操作应注意哪些问题？有何临床意义？

十五、烧烙疗法

（一）目的

了解和掌握直接烧烙疗法的操作技术。

（二）准备

1. **动物** 牛或马，每组1头（匹）。

2. **药物** 陈醋0.5kg。

3. **器材** 二柱栏、保定绳（围绳1根，长18m、直径3cm；吊绳2条，颈绳）、鼻捻子或牛鼻钳1把、尖头刀状烙铁2把、方形刀状烙烧4把、小火炉、煤炭。

（三）方法和步骤

1. **操作** 病畜预先停食8h，二柱栏保定。在患部先用尖头刀状烙铁画制烙图，再用方头刀状烙铁加大火度。

2. **注意事项**

（1）烧烙部位：应避开重要器官，也不要损伤较大的神经、血管。一般只烧烙一次，如需要在同一部位再次烧烙，应在第一次烧烙创面愈合后再进行，并且尽量避开前次烧烙面。

（2）烙铁：要烧红，以从火内取出呈白色为宜，烙铁冷却后应及时更换。

（3）烧烙顺序：宜先轻后重，烙铁要顺毛走向运行，刀面一定要平稳接触皮肤，用力方向是下压后拉，切忌前后拖拉。一般先烙内侧后烙外侧，先烙上部再烙下部。

（4）烧烙程度：烧至烙线皮肤金黄色、略呈油状为度，然后用醋喷洒术部，再用烙铁轻烙一遍即止。

（四）观察结果

注意观察烧烙后患肢恢复情况，将结果记入病历。

（五）分析讨论

烧烙时应注意哪些问题？谈谈对烧烙作用原理的看法。

十六、穴位埋线、按摩、拔火罐疗法

（一）目的

掌握穴位埋线、按摩及拔火罐的操作方法。

（二）准备

1. **动物** 猪、牛、马各2头。

2. **药物** 5%碘酊、70%酒精。

3. **器材** 剪毛剪、半弯三角缝针（规格为1/2弧，5×12）、1号铬制羊肠线、脱脂棉、火罐、长镊子、酒精灯、火柴、棉球、封闭针头。

（三）方法和步骤

1. **穴位埋线** 可根据病证选穴埋线，如治疗仔猪白痢可选用脾俞、后三里、尾干穴，眼病选睛明、睛俞穴。

（1）脾俞穴埋线：穴位部剪毛消毒，将穿有羊肠线的缝针，自穴位上方或下方约 1cm 处进针，通过皮下、肌肉、沿肋间平行方向穿出，使肠线留在穴位内 2cm，剪去外露线头，轻轻提起皮肤，将肠线埋入皮下，用碘酊涂擦针孔部位。

（2）后三里穴埋线：在穴位上方或下方约 1cm 处进针，通过皮下肌肉，沿与胫骨、腓骨长轴平行的方向穿出，肠线在穴位内保留 2cm。

（3）尾干穴埋线：在穴位右侧或左侧 0.5～1cm 处进针，从与尾椎骨长轴垂直的方向穿出，肠线在穴位内保留 2cm。

（4）睛明、睛俞穴埋线：取 1cm 长的肠线放置在封闭针头的针孔内，将针头刺入穴位，达到所需深度（3～4.5cm）后，将毫针插入针头孔内，在缓缓退出针头的同时，将肠线推送入穴内。

2. **按摩**　常用的基本手法有以下几种。

（1）按法：用手指或指掌在畜体病痛部位或穴位上按压，如用掌心按，则面积大，使用指背关节尖端或屈曲中指第二节按，则刺激加强。按法具有通经络、开通闭窍之功效，适用于腰背部、臀部等肌肉丰满部位。

（2）推法：术者肩、肘关节放松，屈腕内收，四指屈曲，手握空拳，大拇指伸直盖住拳眼，用拇指的指腹、指峰附着于治疗部位或穴位上，腕部和指关节来回做有节律的摆动。其作用力点的面积小，易于深透到皮下组织及肌层，能使较深部组织血管扩张，循环加速，具有疏通经络、行气活血的功效，适用于全身各部位。

（3）拿法：术者以大拇指与其他手指作对称的用力，把皮肤、肌肉或筋膜用力提拿起来，可用单手或双手。本法从两个相反方向对同一部位对称施加压力，并向上提，是强刺激的兴奋手法之一，具有祛风散寒、疏通经络的功效，运用于肌肉丰厚部位。

（4）捶法：术者双手握空拳或五指伸直自然并拢，肩肘关节放松，用腕力使掌缘或掌缘与指根部自由起落于治疗部位。捶击力量可根据病情而定。捶法对神经末梢具有兴奋刺激作用，能活跃局部血液循环，具有疏经活络、行气活血之功效，适用于腰背及四肢等部位。

（5）摇法：患畜保定后，术者一手握住患畜关节近端肢体，另手握住关节远端肢体，做旋转、屈伸、外展、内收等运动。主要是协助关节的正常功能和位置活动，多用于四肢关节部位。

（6）摩法：术者用手指指腹或掌心放在治疗部位或穴位，来回直线摩动，或顺、逆时针方向做圆形摩动。摩法主要是摩擦力的作用，轻摩、缓摩能起到按抚、镇静及止痛作用。

（7）揉法：术者用指腹、掌心或掌根部与病痛部位皮肤贴紧揉动。其特点是用力使病痛部位皮下组织滑动摩擦，刺激比较缓和，多作为强手法后的一种缓冲手法。

（8）捏法：术者用手指挤捏皮肤、肌肉，多配合揉法使用，具有祛风寒之功效。

3. **拔火罐**　常用拔火罐的方法有四种：

（1）投火法：将酒精棉球（或纸片）燃着后投入罐内，迅速将火罐罩在应拔的部位上。

（2）闪火法：用镊子夹着燃烧着的酒精棉球在罐内烧一下，立即将棉球取出，迅速将罐子罩在应拔部位上。

（3）架火法：用一块不易燃烧而导热性很差的片状物（如姜片、木塞等），放在术部，上面放一小块酒精棉，点燃后，将罐口烧一下，迅速连火扣住。

（4）贴棉法：用棉花一小块，用 95%酒精浸湿，贴在罐内壁中段，点燃后速罩于术部。

注意事项：拔罐部位一般选择肌肉丰满、皮下组织丰富的部位，拔罐前用水浸湿被毛或剪毛。根据部位选用适宜的火罐。拔罐时间一般 10～20min。起罐时按压罐旁皮肤，使空气进入罐内，罐即落下。拔罐后如有损伤、起泡等现象，可涂消炎药膏以防感染。

（四）分析讨论

穴位埋线、按摩、拔火罐疗法的作用原理是什么？

十七、电针对胆管末端括约肌电活动及胆汁分泌的影响

（一）目的

观察针刺不同穴组对胆管末端括约肌（Oddi 氏括约肌）电活动和胆汁分泌的影响。

（二）准备

1. **动物**　山羊或家兔。

2. **药物**　乌拉坦、阿托品、新斯的明。

3. **器材**　多导生理记录仪及相应的屏蔽室，GD－1 型光电记滴器，57－6 电脉冲治疗仪，25cm 长铜漆包线（直径 200μm），25cm 长聚氯乙烯塑料管（直径 2mm），玻璃注射器、剪毛剪、眼科剪刀、手术刀、持针钳、缝合圆针、三棱缝针、缝线和敷料等。

（三）方法和步骤

1. **麻醉**　供试动物先称体重，然后按每千克体重 1～1.2g 的剂量静脉或腹腔注射乌拉坦。

2. **保定**　山羊在网床上，家兔于兔保定台上仰卧保定。

3. **手术**　腹下剃毛消毒后，在前腹正中旁开约 1cm 处作一平行于腹中线的切口（家兔切口长 5cm，山羊 10cm），打开腹腔，在幽门部下约 2cm 处找出胆总管，其末端膨大部即为括约肌，在其中央和上方 0.5cm 处安放一对引导电极，在腹部皮下插一根针形电极，作为接地线用。

4. **电极准备**　用 25cm 长的铜漆包线（直径 200μm），两端刮去绝缘漆，一端连接于前置放大器，另一端磨锐，用止血钳夹持，横向地穿过胆总管括约肌的浆膜层，露出 0.5cm，然后将其弯曲反转，套在预先就套在该铜线上的一根内径 1mm、长 2mm 的塑料管内，将塑料管向下移动直达铜线根部连接处的组织。再把紧靠套管上铜线加以弯曲，防止套管滑脱。这样一对双极引导电极就可牢靠地固定在要记录电活动的组织上。

5. **胆汁引出**　找出胆总管，分离结缔组织后用眼科剪刀将胆总管剪一小口，插入直径 2mm 的塑料管，缝合固定，引出胆汁，塑料管的另一端套入光电记滴器内。

6. **记录装置**　用多导生理记录仪。放大器参数选择：时间常数为 0.03s，高频滤波 1 000Hz，纸速 0.75mm/s。每次先记录 30min 的电活动，以波形、频率和波幅为指标，观察针刺大肠俞、关元俞和小肠俞、后海穴组（电针刺激参数为 20 次/s，10～20V）5min 对括约肌电活动的影响。把记录胆汁分泌的塑料管套入记滴器内，记录针刺上述穴位对胆汁分泌的影响。

7. **药物试验** 观察针刺效应20min后，再进行药物试验。先皮下注射阿托品（每千克体重0.5mg）观察对胆管末端括约肌电活动和胆汁分泌的抑制效应。20min后再皮下注射新斯的明（每千克体重0.05mg），观察其兴奋效应。

(四) 观察结果

(1) 将记录纸上胆管末端括约肌电活动记入表5-1中。

表5-1 不同组穴电针对山羊（家兔）胆管末端括约肌电活动的影响

穴位组	兴奋	抑制	不明显
大肠俞、关元俞			
小肠俞、后海			

(2) 将光电记滴器记录5min的胆汁分泌滴数填入表5-2中。

表5-2 不同组穴电针对山羊（家兔）胆汁分泌的影响

穴位组	增加（滴数）	减少（滴数）	不明显（滴数）
大肠俞、关元俞			
小肠俞、后海			

(五) 分析讨论

(1) 比较不同穴组的针刺效应，分析电针对胆管末端括约肌电活动和胆汁分泌的影响，说明穴位有无相对特异性。

(2) 注射阿托品和新斯的明以后，对电针效应有何影响？

十八、针刺对牛瘤胃运动的影响

(一) 目的

(1) 掌握瘤胃运动描记的方法。

(2) 了解电针治疗瘤胃疾病的机理。

(二) 准备

1. **动物** 水牛或黄牛。

2. **药物** 新斯的明、阿托品、生理盐水。

3. **器材**

(1) 电疗机：73-2型电疗机，电压9V。

(2) 19号6～9cm毫针。

(3) 胃管内芯气球装置及缓冲（监视）装置。

(4) 电动双鼓马利氏记纹鼓装置一套。

(三) 方法和步骤

1. 实验装置和安装（图 5-1）

（1）投胃气球的安装：取橡皮管一根，一端插入短玻璃管，玻璃管不露出橡皮管外，将气球口径部套于橡皮管外，外面再包一层纱布，用丝线分三段缠绕扎紧（图 5-2）。将装好气球的橡皮管插入胃导管内，可使气球露出胃导管的进胃端，另一端游离于胃导管的体外端。

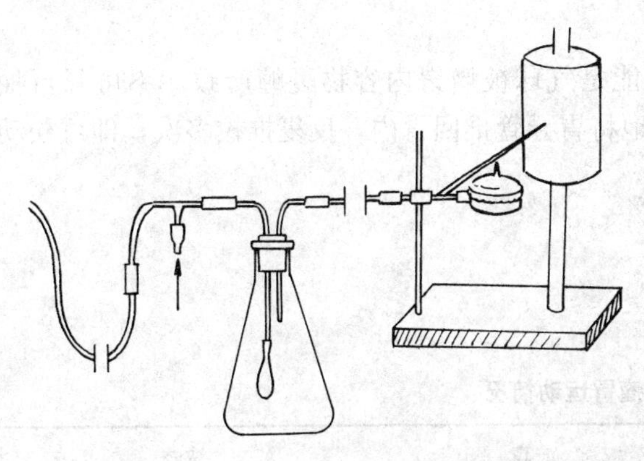

图 5-1　气球投胃法整体装置示意图

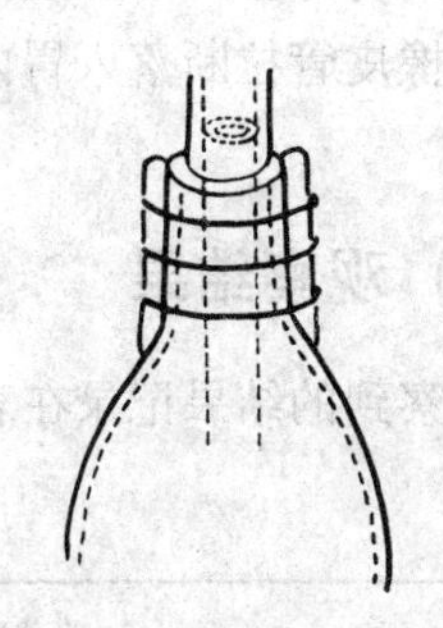

图 5-2　气球固定

（2）监视装置：取圆锥形的玻璃烧瓶一只，底部装入适量沙石，以使其放置平稳。在橡皮塞上打两个孔，插入两个弯曲玻管。在一根弯曲玻管的烧瓶内端，安装一个与投入胃内的气球相同的气球；将橡皮塞塞紧，并以石蜡密封，气球即悬于锥形烧瓶内；其烧瓶外端，与T形玻管相连，以备与胃内气球的橡皮管相连。另一弯曲玻管的烧瓶外端接上橡皮管，以备与马利氏气鼓相连。

（3）气球投胃及其与马利氏气鼓通连：在投胃气球和胃导管上涂一层液状石蜡或其他植物油，将气球反折并裹于胃导管的进胃端，按照投胃管的方法经鼻缓缓地投入瘤胃内；将橡皮管的游离端接上 T 形玻管，即与监视装置的气球相通；通过 T 形玻管向胃内和烧瓶内的气球打气（一般以 100mL 注射器注入 600mL 气体为宜），可观察到烧瓶内的气球的充气量约占烧瓶体积的 1/3 左右。

将监视装置烧瓶上另一根弯曲玻管接上马利氏气鼓。由于瘤胃运动的影响，使胃内气球发生压缩和舒张，由于胃内气球与烧瓶内的气球相通，烧瓶内的气球也发生相应地舒缩。烧瓶内气球的舒缩，引起烧瓶内气体的体积的改变，通过玻璃弯管传递到马利氏气鼓，马利氏气鼓随着瘤胃的运动而发生上下起伏的变化，再通过描记笔的运动记录下来。

2. 瘤胃描记

（1）电针关元俞：安装完毕后，即可开动记纹鼓记录。先描记 15min 作为正常对照，然后针刺关元俞穴，再描记 15min，作为针刺后的结果。

（2）药物对比试验：

①同上法先描记 30min 正常瘤胃蠕动，然后取甲基硫酸新斯的明（水牛 10mg，黄牛 7mg），加于 150mL 的生理盐水内进行耳静脉注射，再描记 1h，作为注射后的结果。

②同上法先描记正常瘤胃运动 30min，然后进行电针，当出现瘤胃运动明显加强时，再

注射硫酸阿托品，连续描记瘤胃运动的变化。或者，先给实验动物注射硫酸阿托品，然后进行电针，比较瘤胃运动的变化。

(3) 注意事项：

①投胃管之前，首先检查气球装置及马利氏气鼓密闭系统是否有漏气现象，若发现漏气，应立即排除。

②向气球内打气时，不能打得过多，以免气球过度紧张影响描记，甚至引起气球破裂。

③描记结束后松开T形玻管，放出气球内的气体，同时拆卸各接头，最后将装有气球的橡皮管连同胃导管一同抽出。

④抽出胃导管时，如发现有障碍，这可能是气球被瘤胃内容物裹缠所致。不可强行抽拉，以免橡皮管拉断落入胃内。这时可轻轻地将胃导管推回胃内，反复推拉多次，即可松动而被抽出。

(四) 观察结果

将观察到的结果记录在表5-3中。

表5-3 瘤胃运动情况

组别	蠕动次数		波高		波幅	
	针前	针后	针前	针后	针前	针后
电针关元俞						
注射新斯的明						
注射阿托品阻断						

(五) 分析讨论

(1) 电针关元俞对瘤胃运动有何影响?

(2) 电针关元俞对瘤胃运动的影响与新斯的明相比有何不同?

十九、电针对山羊胃电图的影响

(一) 目的

掌握EGG-lA型胃电图仪的使用，学会分析胃电图，观察针刺对山羊胃电图的影响。

(二) 准备

1. **动物** 山羊。

2. **器材** EGG-1A型胃电图仪，57-6电脉冲治疗仪，直径0.7cm Ag-AgCl圆盘碟状电极，心电图参考电极；人用不锈钢毫针，尼龙搭扣，软质保定绳，保定网，酒精棉球，生理盐水棉球；分析胃电图用20cm直尺，两脚分规和简易计数器。

（三）方法和步骤

1. 动物及胃电图仪准备

（1）将禁食 24h 的山羊仰卧保定于网床上，在瘤胃、网胃、瓣胃和皱胃的体表投影部位及股内侧剪毛，反复用酒精棉球脱脂。

（2）将 4 个 Ag－AgCl 碟状圆盘电极和 2 个参考电极板垫以生理盐水棉球或涂以导电糊分别放在瘤胃、网胃、瓣胃、皱胃与股内侧，尼龙搭扣妥为固定，把电极导线接入胃电图仪，以单极导联无创伤法记录。先记录 10min 禁食状态下的正常胃电图，再观察针刺左后三里、滴水穴组（电针刺激参数为 20 次/s、10～20V）后胃电图 10min，停止电针后再记录 10min。

2. EGG－1A 型胃电图仪的操作步骤

（1）装记录纸：首先按下左边记录纸匣按板，盖板自动跳起，装入记录纸，然后用右手将记录纸拉出一小截，再将记录纸匣放进。要注意记录纸必须在中间位置，最后用左手轻轻按下盖板。

（2）通电各旋钮和开关的位置：①电源开关——“关”；②记录开关——“准备”；③增益调节开关——“1”；④工作选择开关——“描记”；⑤导联选择开关——“0”；⑥走纸速度选择开关——“1”；⑦地线插孔，插入接地线。

（3）接通电源，开机预热 20～30min。

（4）校准定标电压：

①按下记录开关“观察”钮，工作选择开关置于“校准”，走纸速度开关置于“1”（6cm/min）。调“零位调节”旋钮，使热笔居中。

②按下记录开关“记录”钮，走纸开始。按“校准”按钮，热笔应能描绘出幅值为 10mm 的矩形波（150μV）。

③若矩形波幅值不对，可适当调整“热笔温度”调节旋钮，使其达到 10mm。完毕后，将工作选择开关置于“描记”。按下记录开关“准备”钮。定标电压校准后（150μV），不得随意改动“热笔温度”旋钮。

（5）电极固定：将记录开关“准备”钮揿下，导联选择开关置于“0”，把七芯导联线插头插入输入插座，Ag－AgCl 电极经过生理盐水棉球或导电糊和羊的瘤胃、网胃、瓣胃、皱胃部相接触，各导联线的颜色和对应胃如下：

“1”导联——红色——瘤胃；

“2”导联——绿色——网胃；

“3”导联——蓝色——瓣胃；

“4”导联——白色——皱胃。

（6）胃电图记录：

①将导联选择开关置于“0”，将记录开关“观察”钮按下，此时热笔应在中间位置。否则调整“零位调节”旋钮使其居中。

②将导联选择开关从“0”→“1”，可观察“1”导联所对应的瘤胃胃电图；从“0”→“2”，可观察“2”导联所对应的网胃胃电图；从“0”→“3”，可视察“3”导联所对应的瓣胃胃电图；从“0”→“4”，可观察“4”导联所对应的皱胃胃电图。

③将记录开关“记录”钮按下，此时走纸开始，可描记胃电图波形。

④每描记一个导联胃电图，都必须重复②、③步操作。

⑤操作完毕后，将开关恢复至开机前状态，切断电源。

3. 胃电图参数分析

(1) 振幅值：系由后往前测量 10 个波峰峰值的平均值。

(2) 频率：系由后往前测量 3min 的波数平均值。

(四) 观察结果

将胃电图纸上的胃电记录，经过分析其结果记入表 5-4。

表 5-4　电针左“后三里”和“滴水”穴组对山羊胃电图的影响

	频率（次/min）				振幅（μV）			
	瘤胃	网胃	瓣胃	皱胃	瘤胃	网胃	瓣胃	皱胃
电针前								
电针时								
电针后								

(五) 分析讨论

(1) 分析体表胃电记录的优越性。

(2) 电针后三里、滴水穴组后比针刺前对各胃有无显著性影响。

二十、电针对山羊胃肠电活动的影响

(一) 目的

观察针刺不同穴组对山羊胃肠电活动的影响，掌握浆膜下埋藏电极的方法及多导生理记录仪的操作。

(二) 准备

1. 动物　山羊。

2. 药物　乌拉坦或静松灵。

3. 器材　多导生理记录仪及相应的屏蔽室，57-6 电脉冲治疗仪，直径 1.5mm 铂金丝电极，Ag-AgCl 圆盘电极；人用不锈钢毫针，剪毛剪，外科剪刀，手术刀，止血钳，眼科弯头镊子，玻璃注射器，12 号针头，缝合圆针，三棱缝针，缝线，敷料，软质保定绳，保定网床；分析胃电图用 20cm 直尺，两脚分规和简易计数器。

(三) 方法和步骤

1. 麻醉　先称体重，静脉或腹腔注射乌拉坦，每千克体重 1～1.2mg，如用静松灵，按每千克体重 2mg 肌肉注射。

2. **保定** 山羊置于网床上仰卧保定，四肢捆扎在网床框上。

3. **手术** 术部剪毛，取右上腹旁 1cm 平行于腹中线切开 10cm，拉出瘤胃，在瘤胃中部避开血管，用手术刀轻轻划破浆膜，用弯头镊子伸进浆膜下分离出约 0.7cm×0.3cm 的浆膜下腔，插入铂金丝电极，并用缝线固定牢。依次找到网胃、瓣胃、皱胃和十二指肠、空肠、回肠和结肠，埋藏电极的方法同瘤胃。每埋好一个电极，均应记录电极导线的颜色与相关胃、肠。还纳好胃、肠后，依次缝合腹膜与肌层。切口后部皮下用止血钳撑开筋膜，装入 Ag-AgCl 圆盘电极作为接地用，并缝合固定在皮肤上。然后缝合封闭术部皮肤。术后 4h 进行实验。

4. **多导生理记录仪的操作方法**

（1）开机预热 10min。

（2）电极插入放大器的输入面板，前置放大器参数选择：时间常数为 2s，高频滤波常数为 15Hz。

（3）将导联选择开关置记录档上，放大器的放大倍数适中。调整墨水描记笔到中心位置。走纸速度 0.7mm/s，开始记录观察。

（4）实验结束将导联选择开关放在校正电压档，打出 500μV 校正电压，然后关机。

5. **实验程序** 胃电和肠电的记录均采用连续三段记录法，以便分析和统计学处理，即以电针前为对照，比较电针时和电针后的胃肠电活动指标的变化。

针刺前记录 10min。电针脾俞和天枢穴组（刺激参数为 20 次/s，10～20V）10min，且同时记录。拔针后再记录 10min。再改试其他穴组，步骤同上。

（四）观察结果

将观察到的结果记录在表 5-5、表 5-6 中。

表 5-5 不同穴组电针对山羊胃电活动的影响

穴位组	瘤胃			网胃			瓣胃			皱胃		
	兴奋	抑制	不明显	兴奋	抑制	不明显	兴奋	抑制	不明显	兴奋	抑制	不明显
脾俞、天枢												
大肠俞、关元俞												

表 5-6 不同穴组电针对山羊肠电活动的影响

穴位组	十二指肠			空肠			回肠			结肠		
	兴奋	抑制	不明显	兴奋	抑制	不明显	兴奋	抑制	不明显	兴奋	抑制	不明显
脾俞、后海												
后海、小肠俞												

（五）分析讨论

（1）根据记录分析胃肠电的波形常有几种。

（2）各穴组的电针效应有否差异性？说明什么问题？

二十一、针灸对机体免疫力的影响

第一部分　氦-氖激光穴位照射对细胞免疫功能的影响

（一）目的

运用植物血凝素（PHA）皮内试验的方法，观察氦-氖激光照射交巢穴对动物细胞免疫功能的影响。

（二）准备

1. **动物**　成年健康家兔，每组 2 只；或 15～21 日龄的健康仔猪，每组 2 头。
2. **药物**　PHA 冻干粉 10mg，用生理盐水 1mL 溶解成皮试液。
3. **器材**　氦-氖激光治疗机（功率为 5～8mW）、玻璃注射器（1mL）、游标卡尺、毛剪、兔保定台，酒精棉、碘酊棉。

（三）方法和步骤

将两只家兔（一只用激光照射，一只为对照）分别仰缚于兔保定台（仔猪可仰卧保定），剪净脐左侧（或右侧）约 $10cm^2$ 左右的被毛，常规消毒，皮内注射 PHA 皮试液 0.1mL，24h 后用游标卡尺测量局部硬结最大直径和最小直径，取其平均值（mm）。然后对其中一只兔用功率为 5mW 的氦-氖激光治疗机照射交巢穴。激光输出端与穴位的投射距离为 10～15cm，照射 2min。在该兔未注射 PHA 皮试液的右侧（或左侧）剪毛、消毒，皮内注射 PHA 皮试液 0.1mL。24h 后用游标卡尺测量注射部位硬结的最大直径和最小直径，取其平均值（mm）。对照兔除不照射外，其余实验操作同照射兔。

（四）观察结果

将观察结果记录于表 5-7 中。

表 5-7　实验结果

	照射前硬结的平均值（mm）	照射后硬结的平均值（mm）	注射部位反映
照射兔			
对照兔			

（五）分析讨论

试用中西兽医理论阐明本实验的机理。

第二部分 氦-氖激光穴位照射对血清蛋白含量的影响

（一）目的

比较氦-氖激光照射交巢穴前后血清中几种蛋白含量的变化，探讨激光照射穴位对机体免疫力的影响。

（二）准备

1. 动物 健康仔猪或羊。

2. 药物

（1）巴比妥缓冲液（pH 8.6，离子强度 0.06）：称取巴比妥钠 6.38g、巴比妥 0.83g 于 500mL 容量瓶中，加水溶解并稀释至刻度。

（2）染色液：取氨基黑 10B 0.5g、甲醇 50mL 及冰醋酸 10mL，再加蒸馏水 40mL。

（3）漂洗液：乙醇 45mL，冰醋酸 5mL 及蒸馏水 50mL。

（4）浸出液：0.4mol/L 氢氧化钠溶液。

（5）透明液：无水乙醇 70mL 及冰醋酸 30mL。

3. 器材 氦-氖激光治疗机（波长为 632.8nm，光斑直径为 0.25cm，功率 5mW）、电泳仪、醋酸纤维素薄膜、微量加样器、载玻片、72 型分光光度计、注射器、冰箱等。

（三）方法和步骤

1. 采血 实验仔猪或羊分别在激光照射前与照射后 24h 采血、分离血清，以备做血清蛋白电泳用。

2. 照射方法 用氦-氖激光治疗机照射仔猪交巢穴 1min，照射距离为 10～15cm。

3. 血清蛋白电泳

（1）准备：在电泳槽中加入适当深度的缓冲液，使两槽的液面相平衡。在电泳槽两边放上用缓冲液润透的四层滤纸，滤纸一侧浸入电泳槽中，利用滤纸的毛细管作用保持薄膜湿润。

（2）点样：将醋酸纤维素薄膜浸入巴比妥缓冲液中浸泡 20～40min，待完全浸透后，取出夹于滤纸中，轻轻吸去多余的缓冲液，再用微量加样器取 3μL 被测血清点在薄膜的无光泽面的一端 1.5cm 处。待血清渗入膜内后，立即将膜反转（即血清面向下），点样端连接负极。置于电泳槽的支架上平直放好，静置 10min，随后将电泳槽盖好，防止水分蒸发。

（3）通电：接通电源，调节电压或电流量，电压 100～160V，电流量，按 0.4～0.6mA；通电时间，夏季约 40min，冬季约 50min。图样展开 25～35mm 后，关闭电源。

（4）染色：通电完毕后，将薄膜直接浸于染色液中，经 5～10min 取出，用漂洗液浸洗数次，直至背景无色为止。

（5）定量：将漂洗净的薄膜吸干，剪下各种蛋白的色带，并在无蛋白部分剪下与 α_1 球蛋白同样大小薄膜一张，分别浸入 4mL 0.4mol/L 氢氧化钠中，振荡数次，让薄膜上的色泽完全浸出。然后，倒出浸出液用 72 型分光光度计在 580～620nm 波长下，以空白管校正光密度至 0 点，测各条色带的光密度。

(6) 计算：

光密度总和为：$T=A+\alpha_1+\alpha_2+\beta+\gamma$

各部分蛋白质的百分数为：白蛋白（%）$=A/T\times100\%$，α_1 球蛋白（%）$=\alpha_1/T\times100\%$，α_2 球蛋白（%）$=\alpha_2/T\times100\%$，β 球蛋白（%）$=\beta/T\times100\%$，γ 球蛋白（%）$=\gamma/T\times100\%$。

(7) 透明：将漂洗干净的薄膜放在玻璃板上，不可有气泡。然后浸于透明液中 2～5min，取出放室温待其自然干燥，即成透明的膜，可用密度计扫描进行定量或做成标本永久保存。

(四) 观察结果

将观察到的结果记在表 5-8 中。

表 5-8 氦-氖激光照射穴位前后各种蛋白含量变化的比较

	照射前（%）	照射后（%）	备注
A			
α_1			
α_2			
β			
γ			

(五) 分析讨论

根据实验结果说明氦-氖激光照射穴位对免疫机能的影响。

第三部分 针刺脾俞穴对 T 淋巴细胞比值的影响

(一) 目的

比较针刺脾俞穴前后动物 T 淋巴细胞比值的变化，探讨针灸对机体免疫力的影响。

(二) 准备

1. 动物 马或羊。

2. 药物 亚硝酸钠、对品红、磷酸二氢钾、磷酸氢二钠、α-醋酸奈酯、乙二醇单甲醚、蔗聚糖、60%泛影葡胺注射液、甲基绿、甲醛。

3. 器材 电泳仪、离心机、试剂瓶、试管、试管架、载玻片、血细胞计数器、显微镜等。

(三) 方法和步骤

1. 血样采集 将动物妥为保定，于颈静脉处剪毛、消毒、采血 3mL（加肝素 25～

50μ/mL），作为针刺前对照血样；然后针刺动物的脾俞穴，分别在针后12h、24h颈静脉采血3mL（肝素25～50μ/mL），作为针刺后血样。

2. 检测　分别取针刺前、针刺后12h和24h的抗凝血样0.5mL，各加入生理盐水1.5mL稀释混匀后，沿试管壁缓慢加入到装有0.75mL蔗聚糖（Ficoll）分层液的试管中，使血液浮于分层液面上；4 000r/min离心20min，将标本分四层，最上层为血浆层，第二层为白膜层、以淋巴细胞为主，第三层为分层液，第四层为粒细胞及红细胞层；用吸管取第二层转移到另试管中，加入适量生理盐水稀释，2 000r/min离心5min，弃去上清液，取沉淀物涂片；涂片吹风或自然干燥后，置于甲醛蒸气中固定10min，浸入孵育液中置于37℃恒温箱中浸染45～60min；取出用流水冲洗2～3min，空气干燥，再用甲基绿复染1～1.5min，取出常水冲洗，空气干燥。

将涂片在油镜下计数200个淋巴细胞，计算T、B淋巴细胞的百分比。在油镜下，淋巴细胞及其他白细胞的胞核染成绿色，胞质灰色；T淋巴细胞的胞质中呈现大小不同、数量不等的黑红色颗粒（一般2～5个）；B淋巴细胞，胞质中无黑红色颗粒。

（四）观察结果

将针刺前、针刺脾俞穴后12h、24h的T淋巴细胞比值结果记于表5-9中。

表5-9　实验结果

针刺前（%）	针刺后12h（%）	针刺后24h（%）

（五）分析讨论

根据实验结果说明针刺对T淋巴细胞比值的影响。

第四部分　针刺脾俞穴对白细胞吞噬能力的影响

（一）目的

比较针刺脾俞穴前后白细胞吞噬能力的变化，探讨针灸对机体免疫力的影响。

（二）准备

1. 动物　马、猪、羊等。

2. 试剂与药物

（1）标准菌混悬液：取马流产抗原（每毫升含100亿个菌）1mL，加生理盐水4mL，制成每毫升含20亿个菌的菌液。

（2）实验用菌液：培养24h以内的葡萄球菌，用生理盐水1～2mL稀释，制成和标准菌液同样浊度的菌液。

(3) 75%酒精、3%碘酒、瑞氏液。

3. **仪器**　注射器、水浴槽、离心机、吸管、载玻片、显微镜、血细胞计数器等。

(三) 方法和步骤

将实验动物妥为保定，于颈静脉处剪毛、消毒，分别在针脾俞穴前与针后 6h 各采血 3mL。取针前与针后全血或血浆各 0.5mL，分别加试验用菌液 0.5mL 混合均匀放 37℃水浴 30min 后，用 500r/min 离心 5min，弃去上清液，吸取沉淀物一滴进行涂片。血膜干燥后，用瑞氏液染色，蒸馏水冲洗，自然干燥，油浸镜检。每片检查 100 个嗜中性粒细胞，计数已吞噬的细胞数和被吞噬的细菌总数，分别计算噬菌率和吞噬指数（如 100 个白细胞中有 70 个白细胞吞噬了细菌，则噬菌率为 70%，共吞噬了 300 个细菌，则吞噬指数为的 300÷100=3）。

(四) 观察结果

将实验结果填入表 5-10 中。

表 5-10　实验结果

针刺前		针刺后	
噬菌率（%）	吞噬指数	噬菌率（%）	吞噬指数

(五) 分析讨论

分析针刺脾俞穴前后白细胞的噬菌率和吞噬指数有什么变化，这种变化在临床上有什么重要意义。

二十二、破伤风类毒素穴位注射对机体抗体效价的影响

(一) 目的

比较穴位和非穴位注射破伤风抗原后动物抗体效价的变化，探讨穴位对特异性免疫的影响。

(二) 准备

1. **动物**　选择体重相近，性情温驯，无任何疾病的健康马、骡 8～10 匹。

2. **药物**　破伤风类毒素抗原、羊毛脂、液状石蜡、酒精、碘酒、草酸钠、生理盐水、免疫血清。

3. **器材**　采血针、注射器、毫针、试管、吸管、冰箱。

（三）方法和步骤

1. **基础免疫**　用破伤风抗原加佐剂按 3∶3∶2 的比例（抗原∶羊毛脂∶液状石蜡），每匹马 3mL 分 2 次颈背肌肉注射，两针间隔 10d，第二针注射后 14d 采血 10mL，测定抗体效价单位作为基础免疫效价。

2. **免疫试验**　按基免效价平均单位将动物分为实验组和对照组。每匹马准备破伤风抗原加佐剂（比例同上）10mL，依次按 1mL、1mL、1mL、2mL、5mL 五针注射。对照组，按常规颈背肌肉注射；实验组，取后三里、风门、肺门、肾俞、后海、百会等穴注射，每次一穴，注射时穴位剪毛消毒，先将注射针头刺入穴位，待出现针感后接上注射器注入抗原。每两针的间隔时间为 7d，分别于每次注射前和第五针后 7d、9d、11d 各采血 10mL，测定抗体效价，测定抗体的动态变化和高峰期。

3. **抗体效价测定方法**　采用絮状反应法。即以不同量的抗毒素，和一定量的毒素在试管中混合，观察最早发生絮状沉淀反应的一管，计算和一单位抗毒素首先发生絮状沉淀反应的毒素量，即为一个絮状沉淀单位（Lf）。它可应用于测定抗毒素与毒素的结合力，当毒素和抗毒素中任一为已知时，即可测定未知的含量。

毒素含量（Lf/mL）可按下列公式计算：

$$\text{毒素含量（Lf/mL）} = \frac{\text{抗毒素浓度（单位/mL）} \times \text{抗毒素体积（mL）}}{\text{毒素体积（mL）}}$$

毒素与抗毒素的絮状沉淀反应测定方法举例（表 5－11）：

表 5－11　絮状沉淀反应操作方法

管　号		1	2	3	4	5	6	7	8	9	10
毒素（mL）		2	2	2	2	2	2	2	2	2	2
抗毒素（mL）		0.031	0.032	0.033	0.034	0.035	0.036	0.037	0.038	0.039	0.04
时间（min）	15		C	C	C	C	C	C	C	C	C
	30			P	P	P	P	P	P		
	60					F					
	80			F	F	F	F	F	F		

注：C 示混浊；P 示颗粒沉淀；F 示絮状沉淀。

假设本实验的血清，每毫升含抗毒素 430 个单位。其中第五管最先出现絮状沉淀反应，按照上列公式计算，毒素含量为 7.52Lf/mL。

$$\text{毒素含量（Lf/mL）} = \frac{430 \times 0.035}{2} = 7.52$$

（四）观察结果

将每次测定的抗体效价单位（Lf）填入表 5－12 中。

表 5－12　实验结果

组别	动物号	基免效价	1 注前	2 注前	3 注前	4 注前	5 注前	后 7d	后 9d	后 11d
实验组										
对照组										
总量										
平均效价										

(五) 分析讨论

比较穴位与非穴位注射抗原对机体免疫抗体效价的影响。

第六章 阉割术

一、猪的阉割法

（一）目的

掌握公、母猪常用的阉割方法。

（二）准备

1. **动物** 5～15kg 的健康母猪或公猪，15kg 以上的母猪或公猪，隐睾猪和阴囊疝猪。

2. **药物** 5%碘酊和 70%酒精。

3. **器材** 阉猪刀具、缝针和缝线。

4. **术前检查**

（1）首先了解猪群近期内有无传染病发生，猪的健康状态如何，发现病猪，则不阉割。

（2）母猪出现食欲不振、阴户红肿、流白色分泌物等发情现象，则不阉割。

（3）公猪检查，还应注意有无阴囊疝和隐睾现象，一旦发现，则做特殊阉割法。

（三）方法和步骤

1. **小挑花术**

（1）保定：选一稍有坡度的清洁场所，使猪头部朝下，以利手术。术者取骑马式站立，或坐凳式蹲坐。凳的高低与术者小腿的长短相近，以便确实保定。

术者以左手抓住小猪的左后腿，右手捏住左侧膝前皱襞，使猪右侧卧，背向术者。右脚踩住猪颈左侧（或踩住猪右耳），脚跟着地，脚尖用力，把小猪左后腿向后伸直，使猪呈半仰卧姿势，左脚踩住猪的左后肢小腿部。

（2）确定术部：位于膝前皱襞与腹中线之间，与倒数第 2、3 乳头之间相对。拇指按压可感有最低位的凹陷，位于猪背上的中指可触及髋结节。

（3）手术过程：术部消毒，将其皮肤稍向侧方牵移，左手中指抵于髋结节，拇指垂直压迫术部；右手持刀，以拇指及食指控制刀刃的深度，刀尖沿左手拇指前垂直切开皮肤 0.8～1cm（基本与刀刃宽度一致），深度以感到切开腹膜或见腹水为度；此时迅速将阉割刀向上拨动，以扩大创口，同时左拇指乘势继续用力下压，左脚稍用力踩猪，使猪嚎叫，借猪嚎叫、腹压升高之势，子宫角可随之跳出，称之为“透花”。若不能跳出，则用刀柄继续拨动创口，拇指用力按压，尽量让子宫角自动跳出。若还不能跳出，则用刀柄钩钩取或手指钩出子宫角。

当子宫角露出切口外后，继续牵拉子宫角，其方法有两种：一种是用左右手食指第二指节背面用力压迫腹壁，用两手拇指交替移动拉出两侧子宫角、卵巢及部分子宫体。另一种是以左手弯曲的食指用力压迫切口旁腹壁、拇指和其余手指固定子宫角，右手拇指和食指向外牵拉子宫角、并交给左手固定，如此交替牵引，直至拉出卵巢。

待两侧子宫角、卵巢、输卵管伞均暴露于创口外面后，一并捻转或刮挫摘除，切不可将卵巢掉入腹腔。

摘除后，切口一般无需缝合，若切口超过 1cm 以上则应缝合。最后消毒切口，提起猪的后肢，轻轻摇动，以防肠管嵌在切口内。

（4）手术要点和注意事项：

①阉猪保持空腹较好，子宫容易跳出。若饱腹，则肠管后移，子宫角被压不易跳出。

②保定体位应呈半仰卧姿势，术者宜穿胶底鞋或布鞋，既可保定确实，又可防止踩伤小猪。

③切口定位必须准确，偏前则肠管容易挤出，偏后则膀胱圆韧带容易挤出。如遇以上情况，应向相反方向部位钩取子宫角。膀胱圆韧带与输卵管比较相似，应注意区别：圆韧带为乳白色，质地较坚韧；输卵管为粉红色，常伴有鲜红色的输卵管伞。

④下刀深度视猪体型谨慎控制，避免损伤腹主动脉。切口边缘要整齐，一刀切透皮肤、肌层、直透腹膜，刀子向上飘动，拇指顺势下压，以利子宫自然跳出。

⑤小猪子宫角比较细嫩，尤其子宫角分叉处，易于拉断，故不可用力过猛，同时防止小猪骚动，以免拉断子宫角。

2. 大挑花术

（1）保定：体型较小的母猪（15kg 以上），术者右手抓住猪的左侧膝前皱襞，使猪右侧倒卧，术者站在猪的背侧，右脚踩住颈部，助手拉住左后腿。体型较大的母猪或老母猪，可令几位助手协助保定。一人握紧两耳，另一人抓住猪的左后腿，再用右脚突然拨动猪体右侧，使猪右侧倒卧，立即在猪颈部压上一根木杠或扁担，两端各由一人按压，固定住头颈，上侧左后肢由一人保定。

（2）确定术部：位于左侧肷部三角区的中央。三角区的一边是髋结节到腹下所引的垂线，交于膝前皱襞，另一边是从膝前皱襞向最后肋骨与肋软骨连接处所引直线，第三边即是最后肋骨与肋软骨连接处向髋结节所连直线。

（3）手术过程：术部按常规剪毛消毒。术者屈膝位于猪背侧，左手拇指按定切口位置。右手持刀沿左手拇指所按部位做一半月形切口，切口大小视猪体大小而定。以右手食指垂直戳破腹肌及腹膜，对于腹壁较厚的老母猪，可先用刀尖端将腹膜戳一小口，再用食指分离扩大。

切口打开后，右手食指伸入腹腔，沿着腹腔背侧内壁向骨盆入口顶部两侧触摸卵巢，摸到后用第一指节钩住卵巢系膜向外钩拉，也可借助刀柄钩协同钩出。若体型过大、过肥的老母猪，手指难以抵达腹腔下部，可在右侧腹下垫上一块木块或砖头，以助子宫位置抬高，便于触摸对侧卵巢。若难以钩出对侧卵巢，可用“盘肠法”，即取出子宫角后，逐渐牵引至末端，把卵巢带出。牵引时，勿使子宫角暴露过多，可边牵引边送回。卵巢钩出后，一般无需结扎，以钝性分离法摘除掉，若卵巢和输卵管充血，则宜结扎后摘除。

卵巢摘除后，一般只缝皮肤即可。如创口较大，腹壁肌层不能交错覆盖，则应将腹膜做连续缝合，皮肤、肌肉一并做结节缝合。最后消毒创口。

（4）手术要点及注意事项：

①触摸和钩拉子宫、卵巢的操作，民间总结为“上花对下花，点滴也不差，伸指入，屈指出，小肠软似棉，子肠如豆角，不离尿胞窝”。对临床实践有重要的指导意义。

②缝合前必须使子宫角、小肠等完全还纳腹腔。

③术后护理，注意防止感染。

3. 公猪阉割术

（1）保定：小公猪保定时，术者右手握住小猪的右后腿而倒提，头向左侧，背向术者，以左脚踩住猪的颈部，右脚踩住尾根，并用左手腕部按压在小猪右侧大腿的后部，使其向前向上。大公猪保定的方法与大母猪基本相同。

（2）确定术部：阴囊缝旁侧 1～2cm，尽量向下，不要靠近肛门。

（3）手术过程：小公猪阉割时，术者以左手中指的背面由前向后顶住一侧睾丸，拇指和食指捏在阴囊基部，将睾丸挤向阴囊底部，以固定睾丸，并使阴囊壁皮肤紧张，便于切开。术部消毒后，右手持刀沿睾丸最突出部切开皮肤和总鞘膜，挤出睾丸；左手握住睾丸，食指和拇指捏住鞘膜韧带与睾丸连接部；右手撕断鞘膜韧带（白筋），向外牵引睾丸；左手把鞘膜韧带和总鞘膜还纳阴囊后，用食指和拇指固定精索；右手松开睾丸，用食指和拇指在睾丸上方 1～2cm 处的精索上来回刮挫或边捻转边刮挫，直至刮断为止。体型很小的猪，也可用刀直接切断精索。于原创口内切开阴囊中隔，以同法摘除另一侧睾丸。最后消毒切口，挤出包皮囊内白色液体，解除保定。

大公猪的阉割方法与小公猪基本相似，仅在睾丸上方 1～2cm 处结扎精索后，再摘除睾丸。

（4）手术要求与注意事项：

①术前检查阴囊，发现阴囊疝和隐睾，应做特殊阉割术。

②固定睾丸、绷紧术部皮肤，是切开皮肤、总鞘膜和顺利挤出睾丸的关键。

③注意术后护理，谨防破伤风。

4. 隐睾猪阉割术

（1）保定：根据腹壁切口的位置，采取半仰卧保定（呈 45°～60°倾斜）或倒悬式保定。

（2）确定术部：一侧性隐睾的术部切口，在隐睾同侧的髋结节向下引一条垂线与腹中线交叉的上方 2cm 处腹壁上；两侧性隐睾的术部，在左侧髋结节向腹正中线引垂线的交点上方 2cm 处。也有人采用与阉割大母猪相同的手术部位。

（3）手术过程：术部消毒，做 3～6cm 的切口。通过切口，伸入食指寻找睾丸。睾丸移动性较大，常在腹股沟区、耻骨区、髂区和肾脏后方的腰区，找到睾丸则拉出切口，结扎精索，切除睾丸，然后分层缝合，消毒切口。

5. 阴囊疝猪阉割术

（1）保定：一般采用倒悬式保定，可使小肠返回腹腔，利于手术。也可右侧横卧保定。

（2）确定术部：疝气发生在哪一侧，就在阴囊的哪一侧切口。

（3）手术过程：先将阴囊内的小肠整复回腹腔内。术部消毒，切开阴囊壁，注意不要切破总鞘膜，剥离总鞘膜至腹股沟管环，并固定之，防止小肠再次挤向总鞘膜，就在固定处用消毒丝线横穿一针，做 8 字形结扎，离结扎线外侧 1～2cm 处切断，则总鞘膜、精索连同睾丸一并摘除。

若肠管不能送回腹腔时，可能发生粘连，则需小心切开总鞘膜，伸入手指，仔细分离肠管，送回腹腔，再按上法摘除睾丸。若发现腹股沟管环过大，则还需缝合腹股管环，最后缝合皮肤，消毒切口。

（四）观察结果

观察和护理所阉割的猪。

（五）分析讨论

总结分析阉猪的要点和注意事项。

二、公鸡的阉割法

（一）目的

掌握公鸡常用的阉割方法。

（二）准备

1. **动物**　公鸡，体重1kg左右，以能鸣啼者为宜。公鸡过小睾丸也小，不易套取及阉净，阉后也影响发育；公鸡过大，睾丸根部血管粗大，锯断睾丸血管时，常致大出血，甚至死亡。

2. **药物**　70%酒精棉，冷水1杯。

3. **器材**　阉鸡器，包括阉鸡刀、扩创弓、扩创钳、睾丸勺、镊子、睾丸套等。

（三）方法和步骤

1. **局部解剖**　切口部位在右侧倒数第一、二肋骨之间与髋关节水平线相交处上下，从外向内为皮肤、肌肉及腹膜，腹膜紧贴腹部气囊和胸后气囊壁。睾丸位于倒数第二、三肋骨头的下面、肾脏的前方，两睾丸之间有主动脉及后腔静脉分布。睾丸一般呈椭圆形或梭形，多为淡黄色，也有呈黑色、灰色或灰黑色的；其体积的大小，随月龄与品种不同而异。睾丸前端自系膜与胸前气囊壁相联系，外侧有系膜与胸后气囊壁相联系，左右睾丸之间有系膜隔开，故套取睾丸之前，必须首先捣破和断离系膜，才能顺利摘除。

2. **保定**　术者坐在小凳上（或蹲着）将公鸡两翅交扣后，两翅踏于术者左脚下，把鸡腿并拢向后拉直，踏于术者右脚下，使公鸡成左侧卧位，背向术者。

3. **术部**　从髋关节向前引一水平线，与最后两肋之间的相交处，是切口中点。

4. **术式**

（1）术部处理：先把切口及附近的羽毛全部拔掉，用冷水湿透周围羽毛，充分暴露切口。

（2）切开术部：用左手拇指按准切口，右手持刀沿左手拇指前缘与肋骨平行做长2～3cm的切口，下刀至腹膜。

（3）扩张切口：用扩创器扩开切口，调节扩创器到适当程度。

（4）捣破腹膜：用睾丸套尖锐的一端朝腹膜向上挑紧，用阉鸡刀划破腹膜，同时分离腹部气囊壁，便切口通向腹腔深部。

（5）寻找与游离睾丸：左手执睾丸勺，将肠管向下向后拨开，即可看到右侧睾丸，如果睾丸大者不拨开肠管也能看见。右手用镊子把睾丸被膜捏离睾丸实质，用睾丸套尖端撕破被膜，使睾丸完全暴露于被膜之外。继之左手持睾丸勺将右侧睾丸附近的肠管向后拨开，即可见到与左侧睾丸相隔的两层薄膜。右手用镊子避开血管将薄膜捏紧，适当向上拉，左手用睾丸勺的尖端撕破薄膜，放下镊子，将左手的睾丸勺移交给右手，用睾丸勺将左侧睾丸向上翻起。

（6）摘除睾丸：如果睾丸较大，先取上面（右侧）的；若睾丸过小则先取下面（左侧）的，以免摘除上面的睾丸时，损伤血管出血，以致不易找到下面的睾丸。摘除睾丸的手法是左手持睾丸勺上棕丝的游离端，右手持勺端，自怀中向外转，绕过睾丸游离边的下面，套住睾丸根部；然后左右手交叉，上下均匀拉动棕丝，锯断睾丸。若出血，可用睾丸勺背面沾冷水迅速压住睾丸根部，血止后，继续用同法摘除右侧睾丸，并轻轻取出凝血块。

对于小公鸡则适用小竹筒制的套睾器，即用内直径 0.1cm 的小竹枝，长为 5cm，将一条约 12cm 长的棕丝等分弯折穿过 5cm 长的小竹筒，在下端弯折处留一套睾的小圆圈，借睾丸勺的帮助，将两侧睾丸套在小圆圈内，然后缓缓将棕丝上提，待棕丝圆圈收缩至睾丸根部时，迅速将棕丝上拉，把睾丸根部切断，然后用勺把睾丸取出。

（7）切口处理：摘除睾丸后，取出扩创器，切口不需缝合，在术口贴上羽毛，松开交扭的翅膀，解除保定，让其安静休息。

5. 手术要点及注意事项

（1）选准切口部位，是准确暴露和保证顺利摘除睾丸的重要一环。在摘除睾丸之前，充分刺破腹膜，分离睾丸被膜、睾丸系膜与气囊壁的联系，使棕丝紧贴睾丸根部，才能顺利取出睾丸。

（2）术中避免损伤血管，若遇出血时，立即用冷水按压止血，待血止后，轻轻将凝血块取出，防止内脏粘连；同时避免刺破气囊，引起气肿。

（3）摘除睾丸要细心，避免将睾丸弄碎，做到完整摘除，如有残留或睾丸掉入腹腔找不出来，都达不到阉割的目的。

（4）对大公鸡的阉割，先喂几勺冷水，使血管收缩后进行阉割，可减少出血死亡。

（5）凡是脚高冠小、绿耳朵鸡、白鸡、体格大的品种鸡，其个体特异性不同，比较难阉，故手术时更应小心仔细。

（四）观察结果

术后需观察手术效果，注意公鸡阉后的精神、动态、食欲、鸡冠色泽、粪便等情况，尤其应注意有无后出血，以便及时止血补救。

（五）分析讨论

（1）公鸡阉割术的手术要点有哪些？

（2）本次实习中，术部如何确定？手术操作如何？有哪些优缺点？

第七章 病证防治

一、外感热病诊治

（一）目的

外感热病主要包括六经病证和卫气营血病证。通过实验要求掌握外感病的辨证施治步骤、方法，确定治则及选方用药原则。

（二）准备

1. **动物** 兽医院门诊、住院或生产厂（场）外感热病患畜。

2. **药物** 治外感热病的常用中药。

3. **器材** 常用的动物保定和诊疗器械，如保定绳，中药粉碎、调制和投药器具，中兽医病志等。

（三）方法和步骤

1. **诊断** 按照四诊的方法，对病畜进行全面、系统的检查，将检查所获得的资料填入病志。诊断过程中要注意掌握正确的方法，望、闻、问、切要“四诊合参”。

2. **辨病** 温热病大多属于传染病，但温热病与传染病的含义并不完全相同。温热病既包括急性热性传染病，如流感、仔猪水肿病、禽霍乱、犬传染性肝炎、犬瘟热等，也包括非传染性发热性疾病，如中暑、热射病等。传染病也有不发热者或不发热的阶段，温热病也有不传染者，临床需鉴别。

3. **辨证** 按照四诊所收集到的症状、体征等临床资料，根据它们内在的有机联系，加以综合、分析、归纳，从而得出诊断。辨证时既要应用八纲辨证、脏腑辨证的基本知识作为指导，但更重要的是必须掌握六经辨证和卫气营血辨证的具体方法。六经辨证主要用于“伤寒”；卫气营血辨证主要用于“温病”。

临床辨证时，如果病畜属于“伤寒”，首先分清是属于三阳病，还是三阴病。三阳病多热多实，治疗重在祛邪；三阴病多寒多虚，治疗重在扶正。其次，按其各经病证的特有的证候群，深入分析，进行归经辨证，最后得出诊断，即属于哪经病证。如果属于“温病”，那就依据四诊所获得的资料，首先分清热在“气”还是热在“血”。热在“气”之轻浅者叫卫分，故卫分主表、主肺及皮毛。在“气”之重者叫气分，指温热之邪入里，入于脏腑，但尚未入血。在“血”之轻浅者叫营分，是指邪热入于心营，入于心和心包络而言。由于心主周身之血，故营热又以血热为主证。在“血”的深重者叫血分，是指邪热深入到肝血，重在耗血和动血。在以上辨证的基础上，然后按其卫、气、营、血各证的特有的证候群，进一步深入分析，进行辨证，得出最后诊断。

4. **论治** 首先确定治则和治法，其次根据病情选方用药。

（四）观察结果

将治疗过程中及治疗后病畜精神、口色、食欲等变化及其转归情况，详细填入病志。

（五）分析讨论

根据临诊的具体病例，分析外感热病的辨证程序，讨论六经辨证、卫气营血辨证与八纲辨证、脏腑辨证的关系。

二、幼畜腹泻的诊治

（一）目的

根据幼畜的生理和病理特点，对常见的幼畜病用中兽医的方法进行诊治，熟悉诊疗技术，积累诊疗经验。

（二）准备

1. **动物**　根据实际情况，选择仔猪白痢、羔羊腹泻、新驹奶泻、犊牛腹泻病例。

2. **药物**　治疗幼畜腹泻的常用中药及成方制剂，如白术、乌梅、茯苓、人参、杨树花、苦参、参苓白术散、白龙散、地胡霜、乌梅散等。

3. **器材**　一般保定和诊疗器械，如保定绳、体温表、听诊器，中药调制和投药器具，针灸针、激光针灸治疗器，中兽医药志等。

（三）方法和步骤

1. **诊断**　用望、闻、问、切四诊，并结合西兽医学临床常用的诊断方法，搜集病畜的症状和有关情况。尤其要注意发病情况（如发病年龄、发病季节、发病头数、死亡情况等），腹泻次数，粪便的形态、颜色和气味，患畜的精神、体质以及脱水情况等。

2. **辨证**　根据诊断所搜集的资料，进行综合分析，按中兽医理论进行辨证；同时尽可能按西兽医的方法对病性进行确诊。一般说来，幼畜腹泻大体可分为虚寒证和湿热证两大类。身热，舌红或兼有黄染，脉数，粪便黏腻腥臭，或脓血相间者，多属于湿热；腹泻日久，体瘦毛焦，口鼻四肢不温，舌淡脉迟，粪便清稀者，多属虚寒证。

3. **论治**　根据辨证结果确定治疗原则，选择适当的方药进行治疗。仔猪白痢属于湿热证者，宜清热止痢，方可参考白龙散或乌梅散；属于虚寒证者，宜温中涩肠，方可选用地胡霜等。犊牛腹泻属于湿热者，宜清热止泻，方可用乌梅散或葛根芩连汤加减；属于寒湿者，宜温中利水，方用胃苓汤加减；属于伤乳者，宜消食导滞，以三仙等为主药组方。羔羊腹泻属于湿热者，宜清热止痢，方可参考白龙散或乌梅散；属于虚寒者，宜温中止痢，方可用桃花汤或地胡霜加减。

除中药外，针灸可选用后海、脾俞、后三里等穴，毫针、火针、艾灸、激光针等均有疗效。

在论治时，还需考虑到幼畜的特点（稚阴稚阳之体，易虚易实，病情变化迅速等），恰当用药。

（四）观察结果

经治疗处理后，观察幼畜的精神、食欲和粪便情况，记录疾病的转归。

（五）分析讨论

根据诊治的具体病例，分析讨论辨证论治中的体会收获和经验教训。教师应着重提示幼畜腹泻的辨证论治的基本特点和一般原则。

三、犬细小病毒病的诊治

（一）目的

学习掌握犬细小病毒病的常见类型、病因病理、临床症状及其常用的中兽医诊治方法。并由此举一反三，了解犬、猫等宠物其他传染病的一般辨证论治的原则和方法。

（二）准备

1. **动物**　宠物医院门诊或住院的犬细小病毒病病例。
2. **方药**　白头翁汤、四黄郁金散、加味葛根芩连汤等。
3. **器材**　常用的犬保定和诊疗器械，如保定绳、保定架，中药粉碎、调制和投药器具，中兽医病志等。

（三）方法和步骤

1. **诊断**　用望、闻、问、切四诊，并结合西兽医学临床常用的诊断方法，搜集病畜的症状和有关情况，如发病年龄、发病季节，粪便的形态、颜色和气味，尿液的多少、颜色和气味，患犬的精神、体质、体温、口腔干湿情况和气味、舌色、舌苔、皮肤弹性、眼窝情况等。

2. **辨证**　根据诊断所搜集的资料，进行综合分析，按中兽医理论进行辨证；同时尽可能按西兽医的方法对病性进行确诊。犬细小病毒病是由犬细小病毒引起的一种急性传染病，其特征是呈现出血性肠炎（血痢）和非化脓性心肌炎症状。多发于3～6月龄幼犬，常常同窝爆发。仔犬断乳前后正气不足，脾胃虚弱，若与病犬直接接触或食入被污染的饲料，病毒便可乘虚而入，伤及脾胃，特别是小肠下段郁而化热，侵淫营血，迫血妄行，呈现出血性肠炎症状；伤及心肺，肺失宣发肃降，心肌受损，扰乱心神，呈现心肌炎症状。

（1）出血性肠炎型：各种年龄的犬均可发生，但以3～4月龄的断乳犬更为多发。患犬常突然发病，发热，体温升高至40～41℃，也有体温始终不变者。神倦喜卧，频频呕吐，不食。不久发生腹泻，里急后重，粪便先呈黄色或灰黄色，被覆有多量黏液及伪膜，而后粪便呈番茄汁样，带有血液，甚至频频排血便，腥臭难闻。小便短黄，眼窝凹陷，皮肤弹性明显下降。口干，发出臭味，舌色鲜红或绛，舌苔黄腻，脉数或细数。

（2）心肌炎型：多见于4～6周龄的幼犬，多因表现临床症状时已来不及救治而导致死亡。

3. **论治**　根据辨证结果确定治疗原则，选择适当的方药进行治疗。出血性肠炎型宜清热解毒、凉血止痢。西医治疗可酌情输液强心补碱，以维护正气。中医治疗可试用下列方剂。

方一，白头翁汤：白头翁、秦皮各 20g，黄连、黄柏各 10g。煎汤去渣，浓缩至 100mL，候温灌服。里急后重者，加木香、槟榔；夹滞者，加枳实、山楂。

方二，四黄郁金散：黄连、黄芩、黄柏、大黄、栀子、郁金、白头翁、地榆、猪苓、泽泻、白芍各 30g，诃子 20g。水煎，分 2 次灌服。呕吐者加半夏、生姜；里热炽盛者加金银花、连翘；热盛伤阴者加玄参、生地、石斛；腹泻脓血较重者重用地榆、白头翁；气血双亏者减黄芩、黄柏、栀子、大黄，加党参、黄芪、白术等。

方三，加味葛根芩连汤：葛根 40g，黄芩、白头翁各 20g，山药、甘草各 10g，地榆、黄连各 15g。水煎服，每天 1 剂，分 3～4 次，每次 50～100mL。幼犬药量酌减。便血重者加侧柏炭 15g；津伤重者加生地、麦冬各 20g；里急后重者加木香 10g；呕吐剧烈者加竹茹 15g。

（四）观察结果

经治疗处理后，观察犬的精神、食欲、大小便情况等，记录疾病的转归。

（五）分析讨论

根据诊治，分析讨论辨证论治中的体会收获和经验教训。教师应着重提示辨证论治的基本特点、中西结合护理与预防方法和原则，及犬、猫等宠物的其他传染病的一般辨证论治的原则和方法。

四、牛宿草不转的诊治

（一）目的

通过实习，掌握牛宿草不转的辨证论治方法，并由此举一反三，了解复胃动物前胃疾病的一般辨证论治的原则和方法。

（二）准备

1. 动物 兽医院门诊、住院或生产厂（场）的牛宿草不转病例。

2. 药物 枳壳、草果仁、木香、槟榔等治疗宿草不转的常用药物。

3. 器材 常用的牛保定和诊疗器械，如鼻钳子、保定绳，中药粉碎、调制和投药器具，针灸器具，中兽医病志等。

（三）方法和步骤

1. 诊断 运用中兽医的四诊对患牛进行全面系统的检查，尤其要注意与前胃有关的病情和体征。如问诊，要注意采食、饮水和反刍情况，发病情况和治疗经过等；望诊要注意精神、体质、肚腹情况，鼻镜和口色，排便情况等；闻诊，主要听气息的强弱，用听诊器检查瘤胃蠕动情况等；切诊，除切脉外，还应摸角温和触按肚肷的虚实。并做详细病志记录。

2. 辨证 根据诊查获得的有关资料进行分析，对疾病的标本虚实做出判断。一般说来，宿草不转，胃中停食，多为实证。但胃实和脾虚往往互为因果，互相继发或并发。故本病除实证外，有时也可表现为本虚标实证。从西兽医学的观点来看，急性瘤胃积食多为实证；慢性瘤胃积食或兼有前胃弛缓者，多为本虚标实证。

3. 论治　根据辨证结果确立治疗原则，选择适当的方剂进行治疗。属于实证者，治宜消食导滞，方用和胃消食汤或猪膏散加减；属于本虚标实证者，于攻逐消导之中适当辅以补益，或采用攻补兼施之法。

针灸治疗常选用顺气、知甘等穴。如肚胀严重，还可于肷俞穴放气。

（四）观察结果

经治疗处理后，观察患牛的反刍、饮食欲以及瘤胃蠕动等情况，以判断疾病的转归。

（五）分析讨论

根据所诊治的具体病例，分析讨论辨证论治中的体会收获和经验教训。教师应借此举一反三，扼要提示复胃动物前胃疾病辨证论治的一般原则和方法。

五、咳嗽的诊治

（一）目的

通过实习，掌握家畜（禽）常见咳嗽的辨证论治方法。

（二）准备

1. 动物　兽医院门诊、住院或生产厂（场）的咳嗽病例。

2. 药物　杏仁、贝母、百部、桔梗、瓜蒌等治疗咳嗽的常用中药。

3. 器材　常用的动物保定和诊疗器械，如鼻捻子、保定绳，中药粉碎、调制和投药器具，针灸器具，中兽医病志等。

（三）方法和步骤

1. 诊断　运用四诊对患畜（禽）进行全面系统的检查，尤其要注意与咳嗽有关的病情和体征。如问诊，要注意发病时间，咳嗽与昼夜气温变化的关系等；望诊，除一般精神状态外，要特别注意观察咳嗽的状态、呼吸和鼻漏情况等；闻诊，应注意咳嗽声音的强弱和高低，呼吸声音（并可借助听诊器听气管、支气管和肺部的声音），有鼻涕时还应注意其气味是否异常；切诊，除切脉外，还应注意槽口是否肿胀、喉头是否敏感等情况。

2. 辨证　将诊查所获资料进行综合分析，对疾病的寒热虚实表里和所在脏腑做出判断。外感咳嗽初起，兼有表证者，称为风寒咳嗽或风热咳嗽；进一步发展，表证消失，呈现里热者，称为肺热咳嗽。内伤咳嗽多由劳役过度或热病耗伤肺阴所致，主要包括肺气虚和肺阴虚两种。虚咳日久，还可伤及肾。一般说来，外感咳嗽多实，内伤咳嗽多虚；实证者，发病急，病程短，咳嗽声大而有力；虚证者，发病缓慢，病程长，咳嗽声低而无力。

3. 论治　根据辨证结果确立治疗原则，选择适当方剂进行治疗。风寒咳嗽者，宜宣肺散寒，化痰止咳，方用三拗汤、荆防败毒散等；风热咳嗽者，宜辛凉解表，止咳化痰，方用银翘散加减；肺热咳嗽者，宜清热润肺，止咳化痰，方用麻杏甘石汤、清肺散等；肺气虚咳嗽者，宜补益肺气，敛肺止咳，方用理肺散等；肺阴虚者，宜滋阴润肺，方用沙参麦门冬汤、百合固金汤等。病久伤肾者，还应酌情应用固肾培本方面的药物。

针灸治疗可选用大椎、肺俞、苏气等穴；属于实热者，也可选用颈脉、尾尖、耳尖等穴。

（四）观察结果

经治疗处理后，观察患畜（禽）的咳嗽及全身情况，判断疾病的转归。

（五）分析讨论

对所诊治的病例进行讨论，分析辨证论治的原则和方法，总结经验和教训。教师应提示辨证论治的基本特点及中西结合护理与防治方法和原则。

六、猫绦虫病的诊治

（一）目的

了解猫绦虫的常见类型、危害性及常用中兽医诊治方法，并由此举一反三，了解猫、犬等宠物其他虫证的一般诊治的原则和方法。

（二）准备

1. **动物**　宠物医院门诊或住院的猫绦虫病病例。
2. **方药**　槟榔粉剂、刺桐树皮、槟榔等。
3. **器材**　常用的猫保定和诊疗器械，中药粉碎、调制和投药器，中兽医病志等。

（三）方法和步骤

1. **诊断**　本病常呈慢性经过，轻度感染时不表现症状。严重感染时，出现呕吐，慢性肠卡他，贪食、异嗜，渐进性消瘦，营养不良，精神不振，有的发生痉挛或四肢麻痹。病猫肛门口及粪便中常有片节，或粪便如见绦虫卵可确诊。

猫绦虫种类很多，主要有：①犬腹孔绦虫，寄生于犬、猫的小肠内。体节外观呈黄瓜粉状，又称瓜实绦虫。②泡状带绦虫，又称边缘绦虫，寄生于犬、猫的小肠内。虫体头节呈梨形或肾形，节片宽而短。以猪、牛、羊、鹿为中间宿主，其幼虫为细颈囊尾蚴。③曼氏迭宫绦虫，寄生于猫、犬小肠中内。虫头节呈指形，节片宽大于长度。第一中间宿主为淡水桡足类，第二中间宿主为蛙类和蛇类（鱼类、鸟类甚至人可作为转运宿主），猫、犬为终末宿主。④阔节裂头绦虫，寄生于猫、犬的小肠中。其形态与曼氏达宫绦虫大致相同，但虫体较大，长约10mm，由数千个节片组成。第一中间宿主为剑水蚤，第二中间宿主为鱼。

2. **论治**　根据诊断结果确定治疗原则，选择适当的方药进行治疗，一般驱虫和扶正兼顾。可试用下列方剂。

槟榔粉剂：将槟榔捣碎研末，筛后去渣，以水调匀使其浓度为0.1g/mL，按每只20～25mL给服。

槟榔煎汁：取槟榔 50g，捣碎加水 1 000mL 煎煮，浓缩至 200mL，过滤，取滤液，按每只 20～30mL，直肠给药，可迅速发挥药效而驱虫，安全可靠，简便易行。但要注意每只用量不能超过 40mL，否则引起中毒，如中毒可用硫酸阿托品解救。

槟榔 3g，石榴皮 1g，加水 250mL，煎至 20mL，分 2 次内服。

刺桐树皮 5g，槟榔 1g，加水 300mL，煎至 20mL，内服。

（四）观察结果

经治疗处理后，观察猫的精神、食欲，肛门口及粪便中常有片节，或粪便如见绦虫卵情况等，记录疾病的转归。

（五）分析讨论

根据诊治，分析讨论诊断治疗中的体会收获和经验教训。教师应着重提示中西结合防治方法和原则及猫、犬等宠物其他虫证的一般诊治的原则和方法。

七、疮黄疔毒的诊治

（一）目的

辨认疮黄疔毒的不同症状，掌握疮黄疔毒的不同疗法。

（二）准备

1. **动物**　在兽医院门诊、住院或生产厂（场）选择 4 种不同病畜。
2. **药物**　准备清热解毒、活血消肿、排脓生肌类药物，外用消毒药液。
3. **器材**　镊子、探针、外科刀、酒精棉、纱布等。

（三）方法和步骤

1. **诊断**　了解发病原因，历病时间，有无传染，观察肿胀或破溃的形状，是漫肿平塌还是肿起高大，有无分泌物，分泌物的性状。继之触诊肿胀的温度、硬度、疼痛性，有无波动性，必要时可进行穿刺，借以观察内容物的性状。对已破溃的痈肿疔毒需检测其深度及广度，脓汁的性状。

2. **辨证**　根据四诊所得资料进行分析、归纳。一般肿、热、痛属阳，肿而无热、无痛属阴，肿而高大属阳，漫肿平塌属阴。肿毒脓成易溃，溃后易收口者属阳，肿毒不易化脓，脓成不易溃，溃后不易收口者属阴。对黄证要分辨是否为恶黄，后者肿胀迅速，呈弥漫性，疼痛明显，预后一般多属不良。

3. **论治**

（1）内治：疮之初起多为痈肿，治宜清热解毒、活血去瘀，方用真人活命饮。疮疡久不成脓或脓成不溃者，宜补气养血、托毒排脓，方用透脓散。后期可补气养血，方用八珍汤。黄肿宜消黄解毒，活血散瘀，方用消黄散加减。疔可参照疮的治法。阳毒宜清热解毒，软坚散结，方用昆海汤；阴毒宜解毒消肿，软坚散结，方用土茯苓散或阳和汤加减。

（2）外治：痈肿及黄肿初起可外敷金黄散、雄黄散或栀子大黄散。痈肿已成脓宜及时切开排脓冲洗创腔，填入外用药。痈肿已溃，局部坚硬肿胀、肉色暗红者，宜用五五丹。疮疡溃烂、创口不敛者，宜用防腐生肌散。疮疡久溃，创口不收者，宜用九一丹。

（四）观察结果

认清疮黄疔毒的不同症状，根据辨证论治结果观察对疮黄疔毒的实际治疗效果。

（五）分析讨论

（1）区分痈疽、疮疡、黄肿、疔毒。

（2）对疮黄、疔毒如何辨证论治。

八、禽霍乱的诊治

（一）目的

学习掌握禽霍乱的病因病理、临床症状及其常用的中兽医诊治方法。并由此举一反三，了解禽类的其他传染病的一般辨证论治的原则和方法。

（二）准备

1. **动物** 病院门诊上或生产厂（场）患霍乱病例。

2. **药物** 清热解毒类中药。

3. **器材** 中药粉碎、调制和投药器具，中兽医病志等。

（三）方法和步骤

1. **诊断** 禽霍乱是由多杀性巴氏杆菌引起的急性传染病，又名出血性败血病，简称出败。急性流行时，病鸡突然死亡，发病率和病死率很高。12周龄以上的禽最易感染。

本病主要通过消化道、呼吸道和皮肤创伤感染。感染后病原菌通过黏膜或皮肤创伤侵入组织器官中进行繁殖，然后进入血液，引起败血死亡。慢性病例病原菌侵入血液不引起败血症而局限于肉冠、肉髯、耳周和眼睑等部位的组织内，使组织坏死。

最急性型发病急骤，晚间能进食，翌晨死亡，无临床症状，剖检无明显病理变化。急性型口流黏液，呼吸急促、发热口渴，腹泻剧烈，排绿色、灰白色以至红色稀粪，肉髯青紫肿胀，翅尾下垂，两肢瘫痪；剖检心包积液，心外膜有出血点，肝肿大，表面有灰白色小坏死点。慢性型呈持续腹泻，贫血消瘦，关节肿大，行走瘸拐，冠、髯苍白，水肿变硬，有的呼吸困难，流鼻液，鼻窦肿大，喉部积蓄有分泌物，剖检关节肿大化脓。

2. **治疗** 宜清热解毒。

方一：白头翁60份，连翘20份，黄连、黄柏、金银花各40份，野菊花、板蓝根、白矾、蒲公英各80份，雄黄4份。共为细末（雄黄先研极细末），充分混匀，日粮中添加4%，或每天按每千克体重2g拌料喂给。

方二：生地150g，茵陈、半枝莲、大青叶各100g，白花蛇舌草200g，藿香、当归、车前子、赤芍、甘草各50g。此方为100只鸡3d用量，水煎取汁，分3～6次饮服或拌入饲料，病重不食者灌入少量药汁（方见《鸡病中药防治》）。

(四) 观察结果

将治疗经过及结果记录于病志中。

(五) 分析讨论

根据所诊治的具体病例，分析讨论诊治中的体会收获和经验教训。教师应借此举一反三，扼要提示禽类其他传染病的一般辨证论治的原则及中西结合防治方法。

九、掏 结 术

(一) 目的

初步掌握掏结术的基本要领和方法。

(二) 准备

1. **动物** 健康马属动物和结症病畜。
2. **器材** 长绳 1 条，短绳 2 条，脸盆 1 个，灌肠器，肥皂等。
3. **药物** 液状石蜡，10%～25%硫酸镁 1 000mL。

(三) 方法和步骤

1. **病畜保定** 根据结粪的位置不同患畜保定的方法、姿势也不一样。站立保定同直肠检查时的保定方法。卧倒保定时，应先将患畜用倒畜法放倒，再用绳把四肢系部攒绑在一起，其姿势应依据掏结术的要求，有些侧卧，有些仰卧，但以仰卧保定为主。因为仰卧可以使脏腑集中，手触摸的范围相对的较广。

2. **检查前的准备** 术者应剪短指甲并磨光。手臂涂以润滑剂（如肥皂或液状石蜡）使手臂滑润便于入手。掏结时，术者应根据病畜保定的姿势调整自己的体位使其便于掏结。

3. **破结的方法**

(1) 按压法：主要用于中结。将结粪牵引至左腹壁或骨盆腔前口，抵于耻骨前缘，或牵引至骨盆腔内，抵于骨盆腔的某部，拇指屈于掌内，其余四指并拢，用食指及中指或四指的指腹由粪块的中央向两端逐点按压，以点连线，压成纵沟，待前部气体或液体通过，再进一步压扁或压碎。

(2) 握压法：主要用于前结与中结。术者拇指弯向掌心，其余四指并拢握住结粪，以拇指为支点，另外四指反复做握捏动作，把结粪分段握扁，并使之破碎。

(3) 切压法：主要用于板肠结。术者拇指屈于掌心，其余四指并拢，用手掌下缘顺序把结粪切压成沟，叫做纵切法；或将四指并拢，弯曲成 90°，用掌的下缘将结粪切断，叫横切法。

(4) 顶压法：术者拇指屈于掌心，其余四指并拢，在结粪的后方用指腹进行顶压，使结粪疏松或顶压一条纵沟使气体通过即可。

(5) 直取法：仅用于后结。若属直肠壶腹部便秘，可先用手指将积粪同黏膜剥开，再以拇指、食指及中指捏住结粪，一块一块地取出；若属直肠狭窄部便秘，可先用食指由结粪的中央挖开，然后再将紧贴肠壁的粪块向中央拨动，并一点一点地衔出，称为“燕子衔泥法”。在直取结粪过程中，如发现直肠狭窄部水肿，可用10%～25%硫酸镁溶液反复灌肠。

（6）捶结法：这是掏结术的进一步发展，适用于中结。其方法是：将结粪固定到邻近的软腹壁处，固定方法依结粪的形状、大小而异，结粪呈球状、坚硬、拳大至小儿头大的，可将拇指屈于掌内，四指固定其边缘，拇指屈曲顶住结粪中央固定之；结粪大而太硬的，可用四指伸直的掌面抵住结粪一端固定之。固定之后，另一手在体外用拳头对准结粪捶击。若术者不方便时，可由助手按术者指示点用拳或木槌捶之。一般一至三下即可将结粪捶碎。

捶结时应先轻后重，稳准猛打。术者手抵住结粪时必须妥善固定，以防结粪滑脱，造成肠道破损。结粪被打碎后，即可感到气体通过，患畜腹痛很快停止。

4. 掏结时注意事项

（1）患畜直肠干燥者，应先灌肠后掏结。

（2）当手伸到直肠壶腹部时要谨慎通过狭窄部。若病畜努责时，术者应根据努退、缓进的原则慢慢前进，防止穿破肠壁。

（3）若病畜躁动不安时，可先给镇静药而后掏结，在掏结过程中注意术者的安全。

（四）观察结果

将治疗经过及结果记录于病志中。

（五）分析讨论

根据所诊治的具体病例，分析讨论诊治中的体会收获和经验教训。

十、阴道脱及子宫脱的诊治

（一）目的

认识阴道脱及子宫脱的症状，掌握其治疗方法，为以后独立进行诊疗工作奠定基础。

（二）准备

1. 动物　门诊患有阴道脱及子宫脱的病畜。

2. 药物　炙黄芪、党参、当归、升麻、柴胡等治疗阴道脱和子宫脱的常用中药以及3%明矾液、0.1%高锰酸钾溶液、碘酊、磺胺软膏等。

3. 器材　大块白布、纱布、火炉、三棱针、丝线、新砖、排球胆等。

（三）方法和步骤

1. 诊断　望诊包括观察病畜精神，脱出子宫或阴道的大小、形状、颜色，是否有水肿、创伤、出血及坏死，口色、舌苔等。闻诊主要闻阴道排出物的气味等。问诊应注意分娩的时间及经过（如是否难产，产后努责的强弱，胎衣排出与否等），发病时间，发病前后母畜的全身情况及饲养管理情况，有无本病的既往史，发病后是否经过治疗及治疗方法如何等。切诊为切病畜脉象。

2. 治疗

（1）手术整复：

阴道脱：先将患畜保定于前低后高的柱栏内。不能站立的患畜，应将后躯垫高。对羊，可将其后肢提起。对猪，则可使其卧于斜置的木板上，使成前低后高姿势。用防风汤（防风、荆芥、艾叶、川椒、蛇床子、白矾、五倍子各 9g）煎汤温洗脱出的阴道，或用 3%明矾温开水冲洗。如已水肿，即用三棱针点刺水肿部，后用防风汤温水冲洗，如有腐烂，即用手术剪剪掉。清洗净后，趁患畜不努责时，把脱出的部分慢慢顺序送入阴户。当患畜努责，术者勿强行推送，待努责过后再推送，直至把脱出的部分完全送入，用手把阴道展平，使其完全复位为止。继用新砖一块烧热垫布熨之。如患畜不断努责，为防止阴道再次脱出时，可用排球胆（洗净，再用 0.1%高锰酸钾溶液消毒）一个，置于阴道内，吹气适量，把口扎紧，同时用纱布制成的兜布（厚 6～8 层，大小适当，四角系绳）兜在阴道外部并固定起来，过 1～2d 患畜不再努责时即可取出排球胆，同时取下兜布。

子宫脱：保定及清洗同阴道脱，如胎衣尚未脱落应将其剥离。由两助手用消毒好的大块白布将子宫托起至外阴水平，术者从脱出的子宫末端或近阴门处开始整复。如从脱出的子宫末端开始整复，先用拳头顶住子宫末端凹陷部，趁母畜不努责时前推，推回一个子宫角后，再推另一个子宫角。在推送过程中，助手应从两侧加以压迫帮助，并将已推入阴门的部分压住，以防再度脱出。当整个子宫被推回骨盆腔后，术者可将手臂尽可能深地伸入子宫内，将两子宫角推至原来的位置。继用新砖热熨或将排球胆嵌塞阴道（见阴道脱），亦可用纱布棒嵌塞（用纱布 2m 折叠卷成 40～50cm 长的棒，两端用棉线扎好，0.1%高锰酸钾溶液浸湿消毒，外涂一层磺胺软膏），将棒的一端徐徐经阴道塞入子宫内，另一端系一长丝线，绑在病畜的尾根，过 1～2d 患畜不再努责时即可取下。

（2）内服中药：补中益气汤加减。

（四）观察结果

将治疗经过及结果详细记录于病志中。

（五）分析讨论

本实验中所采用的整复术有何优缺点？应如何改进？

十一、鱼烂鳃病的诊治

（一）目的

初步掌握鱼烂鳃病诊治的基本要领和方法，并由此举一反三，了解水产动物其他传染病的一般辨证论治的原则和方法。

（二）准备

1. 动物　生产厂（场）的鱼烂鳃病病例。
2. 药物　五倍子、大黄等中药。
3. 器材　中药粉碎、调制和投药器具，中兽医病志等。

（三）方法和步骤

1. **诊断** 鱼烂鳃病主要危害草鱼，造成大批死亡。水温在20℃以上开始流行，25～35℃是流行盛期，流行季节为5～9月。常与出血病、赤皮病并发。病原为柱状屈挠杆菌。

带菌鱼是最主要传染源。本病的流行与被污染的水及塘泥、水温、水质有关，可直接接触感染，鳃受损伤后更易感染。水温越高，越易暴发流行；水中病原越多，鱼的密度越大，水质越差，也越易暴发流行。

病鱼头发黑，俗称“乌头瘟”。游动缓慢，呼吸困难，食欲减退或不食，消瘦。病重者离群独游水面，对外界刺激失去反应。捕捉起来可见鳃盖内发炎充血，部分常糜烂成透明小窗，俗称“开天窗”，鳃上黏液增多，鳃丝肿胀，有出血点，严重时鳃小片坏死脱落，鳃丝软骨外露，鳍的边缘色泽变淡，呈“镶边”状。

2. **治疗**

方一：漂白粉，$1m^3$ 水用药1g，全池泼洒。

方二：五倍子，$1m^3$ 水用药3g，煎汁，全池泼洒。

方三：大黄，$1m^3$ 水用药2.5～3g，全池泼洒；或$1m^3$ 水用大黄1kg，0.3％氨水20kg，在缸内浸泡12h，药液呈红棕色，连同药渣、药液一起，全池泼洒。

（四）观察结果

将治疗过程中及治疗后鱼群的变化及其转归情况，详细填入病志。

（五）分析讨论

根据临诊的具体病例，分析诊疗程序与方法。教师应着重提示中西结合预防方法和原则及其他水产动物传染病的一般辨证论治的原则和方法。

图书在版编目（CIP）数据

中兽医学实验指导 / 钟秀会主编．—3 版．—北京：中国农业出版社，2016.5（2023.12 重印）
普通高等教育农业部“十二五”规划教材　全国高等农林院校“十二五”规划教材
ISBN 978-7-109-21558-0

Ⅰ.①中…　Ⅱ.①钟…　Ⅲ.①中兽医学－实验－高等学校－教学参考资料　Ⅳ.①S853－33

中国版本图书馆 CIP 数据核字（2016）第 072250 号

中国农业出版社出版
（北京市朝阳区麦子店街 18 号楼）
（邮政编码 100125）
策划编辑　武旭峰　王晓荣
文字编辑　武旭峰

北京通州皇家印刷厂印刷　　新华书店北京发行所发行
1987 年 11 月第 1 版　　2016 年 5 月第 3 版
2023 年 12 月第 3 版北京第 5 次印刷

开本：787mm×1092mm　1/16　　印张：9
字数：202 千字
定价：22.50 元